Sitzungsberichte
der Akademie der Wissenschaften
der DDR
Mathematik – Naturwissenschaften – Technik

18 N

1976

Probleme und Ergebnisse aus der Klasse Mathematik 1974/1975

AKADEMIE-VERLAG · BERLIN

Sitzungsberichte
der Akademie der Wissenschaften der DDR Jahrgang 1976 · Nr.18/N
Mathematik — Naturwissenschaften — Technik

Probleme und Ergebnisse aus der Klasse Mathematik 1974/1975

AKADEMIE-VERLAG · BERLIN
1977

Vorträge vor der Klasse
Mathematik von 1974 bis 1975

Herausgegeben im Auftrage
des Präsidenten der Akademie
der Wissenschaften der DDR
von Vizepräsident Prof. Dr. Heinrich Scheel

Erschienen im Akademie-Verlag, 108 Berlin, Leipziger Str. 3—4

Lizenznummer: 202 · 100/193/76
Gesamtherstellung: VEB Druckhaus Köthen
Bestellnummer: 7532717(2010/76/18/N) · LSV 1075
Printed in GDR
DDR 7,— M

Inhalt

Franz Pichler
Dynamische Darstellung von Input-Output-Prozessen 5

Klaus Fleischmann und Uwe Prehn
Subkritische räumlich homogene Verzweigungsprozesse 24

Reinhard Pöschel
Funktionale Vollständigkeit in mehrwertigen Logiken 25

Gottfried Anger
Einige Betrachtungen über inverse Probleme 28

Franz Heinrich Lange
Zum Einfluß der modernen Algebra auf die Entwicklung der Informationstechnik: Algebraische Strukturen in der Signaltheorie 32

Peter Fey
Digitale Signal- und Systemtheorie und fehlersichernde Kodierungen 55

Olaf Bunke
Grundprobleme der Statistik 57

Helmut Koch
Die irreduziblen Darstellungen von Primzahlgrad der Galoisschen Gruppe eines lokalen Körpers 59

Franz Pichler

Dynamische Darstellung von Input-Output-Prozessen[1]

1. *Einführung*

Die mathematische Systemtheorie stellt sich die Aufgabe, die verschiedenen Strukturen eines mit Hilfe der Mathematik formulierten Modells aufzuzeigen und ihr Zusammenwirken (ihre Einbettung ineinander) zu beschreiben. Man erhofft sich damit ein besseres Verständnis des Modells zu erlangen und Probleme an diesem strukturangemessen angehen zu können.

Eine wichtige Grundstruktur von Modellen ist mit der einer (zweistelligen) Relation P gegeben. Vorteilhaft wird man eine solche mengentheoretisch als Teilmenge eines kartesischen Produktes $X \times Y$ auffassen. Eine reicher strukturierte Relation liegt vor, wenn sowohl die Menge X (die Inputmenge) als auch die Menge Y (die Outputmenge) Mengen von Zeitfunktionen der Form $x: T \to A$ bzw. $y: T \to B$, wobei T die Grundmenge einer vollständigen Ordnungsstruktur $(T, \leq)$ ist. Man nennt dann $(T, \leq)$ eine Zeitmenge und P einen Input-Output-Prozeß, welchen man durch das Symbol $(X, Y, P, T, \leq)$ genauer angeben kann.

Bei der Erzeugung von Input-Output-Prozessen durch Modelle kann man zwischen zwei Vorgangsweisen unterscheiden:

a) Erzeugung durch eine BLACK BOX
b) Erzeugung durch eine WHITE BOX

Der durch eine BLACK BOX erzeugte Input-Output-Prozess ist identisch mit der die BLACK BOX charakterisierende wahrgenommene Input-Output-Relation. In konkreten Modellen ist diese durch die Menge der gemessenen Input-Output-Daten gegeben. Über Mechanismen, die zu einer gegebenen Input-Funktion das Auftreten der zugehörigen Output-Funktion erklären, ist

1 Vortrag vor der Arbeitsgruppe Mathematische Kybernetik am 28. 2. 1974.

nichts ausgesagt. Die BLACK-BOX-Erzeugung eines Input-Output-Prozesses ist charakteristisch für die ausschließlich auf Grund von empirischen Erfahrungen aufgestellten Modelle.

Bei der Erzeugung eines Input-Out-put-Prozesses durch eine WHITE BOX liegen hingegen dem Modell in der Regel eine Reihe von „Hilfsfunktionen" (auxiliary functions nach Mesarovic) zugrunde, welche gestatten, von jeder Input-Funktion auf die dazu möglichen Output-Funktionen zu schließen. Der Input-Output-Prozeß wird so über den Umweg der „Hilfsfunktionen" erzeugt. Die WHITE-BOX-Erzeugung ist charakteristisch für Modelle, die auf Grund des Vorhandenseins einer Theorie erstellt wurden. Die „Hilfsfunktionen" sind meistens so beschaffen, daß sie das Modell, anschaulich gesprochen, in den Rahmen einer solchen einspannen.

Eine Modellklasse vom Typ der WHITE BOX liegt mit den „dynamischen Modellen mit Input und Output" vor.

Viele Modelle der Natur- und Ingenieurwissenschaften sind von diesem Typ. Charakteristisch für diese Modelle ist das Vorhandensein einer sogenannten Zustandsmenge, welcher grob gesagt, die Aufgabe eines Gedächtnisses zukommt. Die „Hilfsfunktionen" der dynamischen Modelle können deshalb besonders einfach eingeführt werden. Ein einfacher Fall eines solchen Modells liegt z. B. vor, wenn die Hilfsfunktionen, welche die Zustände definieren, durch gewöhnliche lineare Differentialgleichungen mit konstanten Koeffizienten gegeben sind und der Wert $y(t)$ der Output-Funktion y durch den Zustand $z(t)$ und dem Wert $x(t)$ der Inputfunktion x unabhängig von Zeitpunkt t gegeben ist
(lineares zeitkonstantes Differentialsystem).

Wir wollen in dieser Arbeit die WHITE-BOX-Erzeugung einer Zeitrelation behandeln, wobei wir davon ausgehen, daß diese „BLACK BOX erzeugt" vorliegt. Wir gehen dabei so vor, daß die dabei konstruierte WHITE BOX als dynamisch angesprochen werden kann.

Unsere Vorgangsweise ist eine Verallgemeinerung der Ideen von Zadeh (1969) und Windeknecht (1971, 1973). Ziel der Konstruktion ist, das Phänomen „Zustand" besser verstehen zu lernen.

2. Zeitmenge, Zeitfunktionen, Prozesse

2.1. Unter einer Zeitmenge $(T, \leq)$ verstehen wir eine Menge T zusammen mit einer vollständigen Ordnungsrelation $\leq$ auf T.

Mit T^t, T_t und $T_{t,t'}$ seien folgende Mengen bezeichnet

$$T^t := \{t'' : t'' \varepsilon T \wedge t'' < t\}$$

$$T_t := \{t'' : t'' \varepsilon T \wedge t \leq t''\}$$

$$T_{t,t'} := \{t'' : t'' \varepsilon T \wedge t \leq t'' < t'\}$$

2.2. Jede Funktion $f: T \to M$ von T in eine Menge M nennen wir eine *Zeitfunktion.* Mit f^t, f_t und $f_{t,t'}$ seien die Einschränkungen von f auf die Mengen T^t, T_t und $T_{t,t'}$ bezeichnet.

Für beliebige Zeitfunktionen f, g sei mit $f^t g_t$ die Zeitfunktion mit der Zuordnungsvorschrift

$$\tau \mapsto f^t g_t(\tau) := \begin{cases} f(\tau) & \tau < t \\ g(\tau) & t \leq \tau \end{cases}$$

bezeichnet. Wir nennen diese Funktion das t-Konkatenationsprodukt von f mit g.

2.3. Bezeichne M^T die Menge aller Zeitfunktionen mit Wertebereich M. Jede Teilmenge P davon heißt dann ein *Prozeß* mit Bereich M. Die Einschränkungen P^t, P_t, $P_{t,t'}$ eines Prozesses P auf die Mengen T^t, T_t und $T_{t,t'}$ sind definiert durch

$$P^t := \{p^t : p \varepsilon P\}$$

$$P_t := \{p_t : p \varepsilon P\}$$

$$P_{t,t'} := \{p_{t,t'} : p \varepsilon P\}$$

Für Prozesse wollen wir drei Operationen einführen. Seien P und Q Prozesse über M.

Wir definieren dann:

a) für jedes t aus T ist die *t-Konkatenation* $P \underset{t}{\circ} Q$ gegeben als der Prozeß

$$P \underset{t}{\circ} Q := \{r : r^t \varepsilon P^t \wedge r_t \varepsilon Q_t\}$$

Statt $P \underset{t}{\circ} Q$ schreiben wir auch $P^t Q_t$ und speziell für $P = \{p\}$ auch $p^t Q_t$.

b) für jedes t aus T ist die *t-Erscheinung* von Q bez. P $P \underset{t}{<} Q$ gegeben als der Prozeß

$$P \underset{t}{<} Q := \{r : \varepsilon Q \wedge r^t \varepsilon P^t\}.$$

Für $P = \{p\}$ schreiben wir statt $\{p\} \underset{t}{<} Q$ auch $p \underset{t}{<} Q$.

2.4. Als weitere Operation definieren wir für zwei Prozesse X, Y mit Bereich A bzw. B deren Produkt XY als den Prozeß

$$XY := \{p : \bigvee_{x \varepsilon X} \bigvee_{y \varepsilon Y} p : T \to A_x B : t \mapsto p(t) = (x(t), y(t))\}$$

Für p mit $p:T \to A_x B: t \mapsto p(t) := (x(t), y(t))$ verwenden wir auch das Symbol xy und sprechen von dem Produkt der beiden Zeitfunktionen x und y. Jede Teilmenge P von XY nennen wir auch einen *Input-Output-Prozeß*, X heißt dann *Inputprozeß* und Y der *Outputprozeß* von P.

3. *Zustandsbeschreibung von Prozessen*

3.1. Im folgenden geht es uns darum, einen gegebenen Prozeß durch eine „Maschine" zu erzeugen. Wir beginnen mit einer sehr allgemein gehaltenen Konstruktion, der Zustandsbeschreibung eines Prozesses. Indem wir spezielle Eigenschaften von dieser verlangen, kommen wir zum oft verwendeten Konzept der Erzeugung eines Prozesses durch eine „dynamische Maschine".

Sei P ein gegebener Prozeß mit Bereich M; Pot (P) bezeichne die Potenzmenge von P. Jede Zeitfunktion z der Art $z: T \to \mathrm{Pot}(P)$ nennen wir dann eine *Zustandstrajektorie* von P. Für beliebige Zeitpunkte t heißt dann für eine Zustandstrajektorie z der damit bestimmte Prozeß $z(t)$ der *Zustand* von P zur Zeit t. Wir sagen auch P „*erscheint* zur Zeit t als der Prozeß $z(t)$".

3.2. Wir definieren nun:

(P, Z) heißt eine *Zustandsbeschreibung* des Prozesses P: $\Leftrightarrow$

(1) Z ist eine Menge von Zustandstrajektorien von P

(2) $\bigwedge_{t \in T} \bigcup_{z \in Z} z(t) = P$

(2) bedeutet einfach, daß für beliebige Zeitpunkte t aus T der Prozeß P dort stets durch „seine möglichen Erscheinungen", nämlich den Zuständen $z(t)$ überdeckt werden kann.

Mit einer Zustandsbeschreibung (P, Z) haben wir folgende Mengen $Z(t)$ und Q gegeben:

$$Z(t) := \{z(t) : z \in Z\} \qquad (t \in T)$$

$$Q := \bigcup_{t \in T} Z(t)$$

$Z(t)$ ist die Menge der zur Zeit t bei (P, Z) auftretenden Zustände; Q heißt die *Zustandsmenge* von (P, Z).

4. *Eigenschaften von Zustandsbeschreibungen*

Wir geben nun eine Reihe von Eigenschaften an, welche eine Zustandsbeschreibung (P, Z) haben kann.

Eine Zustandsbeschreibung (P, Z) heißt

4.1. *kontrahierend*: $\Leftrightarrow$

$$\bigwedge_{z \varepsilon Z} \bigwedge_{t,t' \varepsilon T} t \leq t' \Rightarrow z(t) \supset z(t')$$

4.2. *konkatenationstreu*: $\Leftrightarrow$

$$\bigwedge_{z \varepsilon Z} \bigwedge_{t \varepsilon T} z(t) \circ_t z(t) = z(t)$$

4.3. *vergangenheitserweiternd*: $\Leftrightarrow$ für beliebige t aus T ist die Relation ν_t,

$\nu_t := \{((p \overset{<}{t} z(t)), z(t)) : z(t) \, \varepsilon Z(t) \wedge p \varepsilon z(t)\}$, welche von $p \overset{<}{t} Z(t)$ in $Z(t)$ geht, funktional.

4.4. *vergangenheitsdeterminierend*: $\Leftrightarrow$

$$\bigwedge_{p,\bar{p} \varepsilon P} \bigwedge_{z \varepsilon Z} \bigwedge_{t \varepsilon T} p, \bar{p} \varepsilon z(t) \Rightarrow \bar{p}^t = \bar{p}^t$$

4.5. *separierend*: $\Leftrightarrow$

$$\bigwedge_{z,\bar{z} \varepsilon Z} \bigwedge_{t \varepsilon T} z(t) \neq \bar{z}(t) \Rightarrow z(t) \cap \bar{z}(t) = \emptyset$$

4.6. *überführend*: $\Leftrightarrow$ für alle $t, t' \varepsilon T$ mit $t \leq t'$ ist die Relation $\ddot{u}_{t,t'}$,

$$\ddot{u}_{t,t'} := \{((q, p), q') : q, q' \varepsilon Q \wedge \bigvee_{z \varepsilon Z} z(t) = q \wedge z(t') = q' \wedge p \varepsilon z(t) \cap z(t')\}$$

von $Q_x P$ in Q funktional.

In jedem Fall ist es leicht, die Bedeutung dieser Eigenschaften für (P, Z) zu sehen. Die folgenden Aussagen befassen sich mit Beziehungen dieser Eigenschaften untereinander.

4.7. *Satz:* Ist (P, Z) vergangenheitsdeterminierend, so ist (P, Z) auch konkatenationstreu und vergangenheitserweiternd.

Beweis: Es ist in diesem Falle $z(t)^t$ stets einelementig, so daß $z(t) \circ_t z(t) = z(t)$ gilt. Weiters ist dann wegen $z(t) \overset{<}{t} z(t) = z(t)$ die Relation ν_t, durch die Diagonale $\nu_t = \{(z(t), z(t)) : z(t) \, \varepsilon Z(t)\}$ gegeben, welche natürlich funktional ist.

4.8. *Satz:* Ist (P, Z) separierend, so ist (P, Z) auch vergangenheitserweiternd

Beweis: Es sind dann Zustände $z(t), \bar{z}(t)$ stets elementefremd, so daß mit jeder Zeitfunktion $p \varepsilon z(t)$ bereits $z(t)$ festgelegt ist; die Relation ν_t ist damit funktional.

4.9. *Satz:* Ist (P, Z) separierend, so ist (P, Z) auch überführend.

Beweis: Mit $p \varepsilon z(t) \cap \bar{z}(t')$ ist dann eindeutig bereits $\bar{z}(t')$ bestimmt.

Wir sehen, daß die Eigenschaft einer Zustandsbeschreibung, separierend zu sein, sehr stark ist.

Im folgenden versuchen wir, den Begriff „dynamisch", wie er im Rahmen der mathematischen Systemtheorie verstanden wird, an Hand von Eigenschaften von (P, Z) zu fassen. Um die Motive darzulegen, tun wir dies zuerst in vorläufiger Weise. Daran anschließend wird eine genauere Definition gegeben.

Wenn man von einem Prozeß P sagen will, er sei „dynamisch" dargestellt, so sind gewisse Vorstellungen damit fest verbunden. Eine grundlegende davon ist die, daß für jeden Zeitpunkt t der betrachteten Zeitmenge eine Menge von Zuständen, die der Prozeß dort annehmen kann, festgelegt ist. Dies ist bei unserer Zustandsbeschreibung (P, Z) gegeben, so daß dies einmal erfüllt erscheint. Von den Zuständen einer dynamischen Darstellung hat man aber bezüglich ihrer Qualität ganz konkrete Vorstellungen:

a) ein Zustand q zur Zeit t wird als Ergebnis des Auftretens einer Zeitfunktion (Realisierung) p des Prozesses P aufgefaßt. Dabei kommt es nur auf den Verlauf von p bis zum Zeitpunkt t an. Verschiedene Zeitfunktionen können zur Zeit t denselben Zustand erzeugen.

Kennt man einen Zustand zur Zeit t, so kennt man gleichzeitig damit die zukünftige Entwicklung, mit der der Prozeß P von diesem Zustand aus in Erscheinung tritt. Diese Entwicklung ist also nur vom Zustand abhängig und ist unabhängig vom Verlauf der Zeitfunktion bis zur Zeit t, da dieser gewissermaßen schon im Zustand seinen Niederschlag gefunden hat.

b) Von jedem Zustand q zur Zeit t soll es möglich sein, auf die mögliche vergangene Entwicklung des Prozesses, also auf die Menge der Zeitfunktionen, welche diesen ebenfalls erzeugen, zu schließen.

c) Kennt man den Zustand q zur Zeit t und den Verlauf einer Zeitfunktion, welche diesen Zustand erzeugt, so kann eindeutig auf den damit für den Prozeß zur Zeit t' erzeugten Zustand geschlossen werden.

Diese qualitativen Eigenschaften der Zustände einer dynamischen Darstellung eines Prozesses werden in unserem Falle einer Zustandsbeschreibung (P, Z) durch die Eigenschaften „konkatenationstreu" (damit wird a gesichert), „vergangenheitsdeterminierend" (b) und „überführend" (c) erhalten. Wir haben damit die folgende Definition:

4.10. Eine Zustandsbeschreibung (P, Z) heißt *dynamisch*, wenn sie die Eigenschaften

a) konkatenationstreu
b) vergangenheitsdeterminierend
c) überführend
hat.

5. *Konstruktion spezieller Zustandsbeschreibungen*

Wir geben nun einige Beispiele für Konstruktionen von Zustandsbeschreibungen (P, Z) für einen vorgegebenen Prozeß P an.

Die *„feinste“* Zustandsbeschreibung (P, Z_0) ist definiert durch

$$z_0 := \{z_p : p \varepsilon P \wedge z_p : T \to \mathrm{Pot}(P) : t \mapsto z_p(t) := \{p\}\} \cdot$$

Es ist einsichtig, daß die Zustandsbeschreibung (P, Z_0) die Eigenschaften 4.1. bis 4.6. hat, also auch die Eigenschaft 4.10. dynamisch zu sein, aufweist. Die Zustandsmenge Q_0 von (P, Z_0) ist gegeben durch

$$Q_0 = \{\{p\}; p \varepsilon P\}$$

5.1. Die *„gröbste“* Zustandsbeschreibung (P, Z_1) ist definiert durch

$$Z_1 := \{z_p : z_p : T \to \mathrm{Pot}(P) : t \mapsto z_p(t) := \{P\}\}$$

Man überzeugt sich leicht, daß (P, Z_1) die Eigenschaften 4.1., 4.3., 4.5. und 4.6. hat. Ist der Prozeß P gegenüber beliebiger t-Konkatenation $\underset{t}{;}$ abgeschlossen, d.h., gilt stets $P \underset{t}{;} P = P$, so hat (P, Z_1) auch die Eigenschaft 4.2. und ist somit dann auch dynamisch.

Sowohl die „feinste“ Zustandsbeschreibung (P, Z_0) als auch die „gröbste“ Zustandsbeschreibung (P, Z_1) sind für die Darstellung von Prozessen kaum von praktischem Interesse. Bei beiden haben wir konstante Zustandstrajektorien vor uns. Bei (P, Z_0) wird durch jeden Zustand $z_p(t)$ zur Zeit t nichts als eine zugehörige Zeitfunktion p des Prozesses genannt. Im Falle von (P, Z_1) gibt es nur einen einzigen Zustand, nämlich den Prozeß selbst. Die Zustandsmenge Q_1 von (P, Z_1) ist also gegeben durch $Q_1 = \{P\}$.

Im folgenden seien Konstruktionshilfen für Zustandsbeschreibungen von mehr interessanter Art angegeben.

5.2. Von der Zustandsbeschreibung (P, Z_2) sei verlangt, daß sie

a) vergangenheitsdeterminierend

b) alle Zustandstrajektorien z aus Z_2 die Eigenschaft haben, daß gilt

$$\bigwedge_{p \varepsilon P} \bigwedge_{t,t' \varepsilon T} t \leq t' \wedge p \varepsilon z(t) \cap z(t') \Rightarrow z(t') = p_{t'}^{<} z(t)$$

Wegen a hat dann (P, Z_2) nach Satz 4.7. die Eigenschaften 4.2. und 4.3. Weiter sieht man sofort aus b, daß (P, Z_2) auch kontrahierend ist. Wir überlegen uns noch, daß (P, Z_2) auch überführend ist:

Gilt $(q, p)\ \ddot{u}_{t,t'} q'$ und $(q, p)\ \ddot{u}_{t,t'} \bar{q}'$ so gibt es Zustandstrajektorien $z, z \varepsilon Z$ mit $z(t) = \bar{z}(t) = q$ und $z(t') = q'$ und $\bar{z}(t') = \bar{q}'$ sowie $p \varepsilon z(t) \cap z(t') \cap \bar{z}(t')$.

Benützen wir nun (b) so haben wir

$$q' = z(t') = p_{t'}^{\leq} z(t) = \bar{z}(t') = \bar{q}'.$$

Die Relation $ü_{t,t'}$ ist also funktional. Mit Rücksicht auf Definition 4.10. haben wir also folgenden Satz damit bewiesen.

5.2. Satz: Die Zustandsbeschreibung (P, Z_2) ist dynamisch.

Es sei bemerkt, daß gerade Zustandsbeschreibungen von der Art (P, Z_2) sehr oft in den Anwendungen vorkommen. Sie haben jedoch den Nachteil, daß die zugehörige Zustandsmenge Q_2 unnötig „groß" ist. Um dem entgegenzutreten, geben wir noch eine weitere Konstruktion einer Zustandsbeschreibung an, in welcher verschiedene Zeitfunktionen, welche zur Zeit t den gleichen Zustand erzeugen, nicht notwendigerweise zu verschiedenen Zuständen gehören.

5.3. Von der Zustandsbeschreibung (P, Z_3) seien folgende Eigenschaften verlangt:

a) konkatenationstreu
b) vergangenheitserweiternd
c) für alle Zustandstrajektorien z aus Z_3 soll gelten

$$\bigwedge_{p \varepsilon P} \bigwedge_{t,t' \varepsilon T} t \leq t' \wedge p \varepsilon z(t) \cap z(t') \Rightarrow p_{t'}^{\leq} z(t) = p_{t'}^{\geq} z(t')$$

Wir wollen wieder zeigen, daß eine solche Zustandsbeschreibung überführend ist:
Gilt $(q, p) ü_{t,t'} q'$ und $(q, p)\, ü_{t,t'} \bar{q}'$ so gibt es nach der Definition von $ü_{t,t'}$ in 4.6. Zustandstrajektorien $z, \bar{z} \varepsilon Z$ mit $z(t) = \bar{z}(t) = q$, $z(t') = q'$, $\bar{z}(t') = \bar{q}'$ und $p \varepsilon q \cap q' \cap \bar{q}'$.

Wegen c gilt damit $p_{t'}^{\leq} q = p_{t'}^{\leq} q' = p_{t'}^{\leq} \bar{q}'$. Da aber (P, Z_3) vergangenheitserweiternd vorausgesetzt ist, folgt mit der Funktionalität von ν daß gilt $q' = \bar{q}'$. Wir haben somit auch hier den Satz

5.3. Satz: Die Zustandsbeschreibung (P, Z_3) ist dynamisch.

6. *Natürliche und Reduzierte Zustandsbeschreibung*

Wir geben im folgenden zwei weitere Konstruktionen von Zustandsbeschreibungen $(P, \tilde{Z})$ und $(P, \overset{\equiv}{Z})$ an, welche zu jedem Prozeß P in kanonischer Weise gegeben sind. Wir werden sehen, daß beide $(P, \tilde{Z})$ und auch $(P, \overset{\equiv}{Z})$ dynamisch sind.

6.1. Die Zustandsbeschreibung $(P, \tilde{Z})$ des Prozesses P ist definiert durch

$$\tilde{Z} := \{z : \bigvee_{p \varepsilon P} z : T \to \mathrm{Pot}(P) : t \mapsto z(t) := \{p_t P : p \varepsilon P\}\}$$

Wir nennen $(P, \tilde{Z})$ die *natürliche* Zustandsbeschreibung des Prozesses P. Für die natürliche Zustandsbeschreibung $(P, \tilde{Z})$ gilt

6.2. *Satz:* $(P, \tilde{Z})$ ist dynamisch.

Beweis: $(P, \tilde{Z})$ ist offenbar vergangenheitsdeterminierend und damit nach Satz 4.7. auch konkatenationstreu und vergangenheitserweiternd. $(P, \tilde{Z})$ ist aber auch überführend, denn für $t \leq t'$ ist mit p der Zustand $z(t')$ durch $z(t') = p_t^< P$ eindeutig bestimmt. $(P, \tilde{Z})$ ist somit dynamisch.

Bemerkung: $(P, \tilde{Z})$ hat offenbar den in 5.2. eingeführten Typ (P, Z_2).

6.3. Die Zustandsbeschreibung $(P, \overset{\equiv}{Z})$ des Prozesses P ist definiert durch

$$\overset{\equiv}{Z} := \{z: \bigvee_{p\varepsilon P} z: T \to \mathrm{Pot}(P): t \mapsto z(t) := \{r: r\varepsilon P \wedge (r_t^< P)_t = (p_t^< P)_t\}\}$$

$(P, \overset{\equiv}{Z})$ heißt die *reduzierte* Zustandsbeschreibung des Prozesses P. Für $(P, \overset{\equiv}{Z})$ gilt ebenfalls

6.4. *Satz:* $(P, \overset{\equiv}{Z})$ ist dynamisch

Beweis: Sei $r, \bar{r}\varepsilon z(t)$. Es ist dann $(r\,_t^< P)_t = (\bar{r}\,_t^< P)_t$ und somit wegen $\bar{r}\varepsilon\bar{r}_t^< P$ auch $\bar{r}_t\varepsilon(r_t^< P)_t$. Es gilt dann aber auch $r_t^\circ\bar{r}\varepsilon z(t)$. $(P, \overset{\equiv}{Z})$ ist deshalb konkatenationstreu. Daß $(P, \overset{\equiv}{Z})$ auch vergangenheitserweiternd ist, kann unmittelbar an der Definition der Zustände abgelesen werden, denn $p_t^< z(t) = p_t^< P$ erzeugt eindeutig die Menge $z(t) = \{r: r\varepsilon P \wedge r_t\varepsilon(p_t^< P)_t\}$.

Daß $(P, \overset{\equiv}{Z})$ auch überführend ist, folgt aus der Tatsache, daß für $t \leq t'$ die Zeitfunktion p mit $p\varepsilon z(t)$ allein den Zustand $z(t')$ bestimmt. $(P, \overset{\equiv}{Z})$ ist damit dynamisch.

6.5. Wir wollen die *reduzierte* Zustandsbeschreibung $(P, \overset{\equiv}{Z})$ noch durch die *natürliche* Zustandsbeschreibung (P, Z) charakterisieren.

Für beliebiges t aus T sei mit $\equiv(t)$ folgende Relation auf $\tilde{Z}(t)$ bezeichnet

$$\equiv(t) := \{(z(t), \bar{z}(t)) : z(t), \bar{z}(t)\ \varepsilon\tilde{Z}(t)\ \wedge z(t)_t = \bar{z}(t)_t\}$$

$\equiv(t)$ ist offenbar eine Äquivalenzrelation auf $\tilde{Z}(t)$; wir nennen sie die Nerode-Äquivalenz von $(P, \tilde{Z})$. Vergleichen wir mit der Definition 6.3., so sehen wir, daß die Zustände der reduzierten Zustandsbeschreibung $(P, \overset{\equiv}{Z})$ im wesentlichen nichts anderes sind, als die Nerode-Äquivalenzklassen der Zustände der natürlichen Zustandsbeschreibung $(P, \tilde{Z})$.

7. *Konstruierbarkeit und Rekonstruierbarkeit, Steuerbarkeit und Beobachtbarkeit*

Wir entwickeln nun für Zustandsbeschreibungen Objekte, welche es uns ermöglichen, auf die Zustände schließen zu können. Solche Objekte sind für die Anwendung bei Modellen von großem praktischen Interesse, vor allem, wenn sie leicht am Modell interpretiert oder gemessen werden können.

7.1. Eine Zustandsbeschreibung (P, Z) heißt *konstruierbar*, wenn für beliebige Zeitpunkte t aus T die Relation $\varkappa(t)$ von $Z(t)^t$ in $Z(t)$, welche definiert ist durch $\varkappa(t) := \{(q^t, q) : q \varepsilon Z(t)\}$, funktional ist.

7.2. Eine Zustandsbeschreibung (P, Z) heißt *rekonstruierbar*, wenn für beliebige Zeitpunkte t aus T die Relation $p(t)$ von $Z(t)_t$ in $Z(t)$, welche definiert ist durch $p(t) := \{(q_t, q) : q \varepsilon Z(t)\}$, funktional ist.

Die Bedeutung dieser Eigenschaften ist klar zu sehen:

Ist (P, Z) konstruierbar, so ist für jedes t aus T die Relation $\varkappa(t)$ eine Funktion $\varkappa(t) : Z(t)^t \to Z(t)$ (wir nennen sie dann die *Zustandskonstruktion* zur Zeit t) und somit ist zu jeder „t-Vergangenheit" q^t eines Zustandes eindeutig durch das Bild $\varkappa(t)\,(q^t)$ der zugehörige Zustand bestimmt. Kennt man also zu einer konstruierbaren Zustandsbeschreibung alle möglichen „Realisierungen" (= Zeitfunktionen p aus P), die zu einem bestimmten Zustand führen, bis zum Zeitpunkt t, so kann man daraus auf den Zustand selbst schließen.

Die Eigenschaft einer Zustandsbeschreibung (P, Z) rekonstruierbar zu sein, ist in gewissem Sinn (Spiegelung am Zeitpunkt t) dual dazu: Es genügt dann die Kenntnis der „t-Zukunft" q_t eines Zustandes q aus $Z(t)$, um davon auf den Zustand q selbst (und damit auch auf die „t-Vergangenheit" q^t von q) mit der Funktion $p(t) : Z(t)_t \to Z(t)$ (wir nennen $p(t)$ die *Zustandsrekonstruktion* zur Zeit t) schließen zu können.

7.3. Die Eigenschaften „konstruierbar" und „rekonstruierbar" von (P, Z) sind in vielen Fällen der praktischen Anwendung noch zu „grob". Man ist daran interessiert, einen „Grad" der Konstruierbarkeit bzw. der Rekonstruierbarkeit einer Zustandsbeschreibung angeben zu können. Wir heben in den nachfolgenden Definitionen die beiden Extremfälle, die dabei auftreten können, hervor. Wir führen vorher noch eine Bezeichnung ein: Für jedes „Anfangsstück" q^t eines Zustandes q zur Zeit t bezeichne $\inf(q^t)_t$ die Menge bestehend aus den Teilmengen U von q^t, welche die Eigenschaft haben, daß sie q^t von den übrigen Anfangsstücken $\bar{q}^t$ aus $Z(t)^t$ unterscheiden, und dabei im Verband $(\mathrm{Pot}(Z(t^t)), \cap, \cup)$ am kleinsten sind. Genauer

$$\inf(q^t) := \inf\{U : U \subset q^t \wedge \bigwedge_{\bar{q} \varepsilon Z(t)} U \subset \bar{q}^t \Rightarrow \bar{q}^t = q\}$$

wobei $\inf\{\%\}$ die Reduktion von $\{\%\}$ auf die Infimumsmengen (= Blätter von $\{\%\}$) bezüglich der zugrundeliegenden Verbandsordnung bedeutet. Mit jeder Menge aus $\inf(q^t)$ ist also in der Zustandsbeschreibung (P, Z) auch bereits das zugehörige Anfangsstück q^t bestimmt.

In einer konstruierbaren Zustandsbeschreibung stellen diese Mengen, jede für sich, die unbedingt notwendige Vorgeschichte des Prozesses P dar, die man kennen muß, um damit auf dessen Zustand zur Zeit t schließen zu können.

Wir definieren nun

7.4. Eine Zustandsbeschreibung (P, Z) heißt *steuerbar*, wenn dafür gilt

a) (P, Z) ist konstruierbar

b) $\bigwedge_{t\varepsilon T} \bigwedge_{q\varepsilon Z(t)} \inf(q^t) = \{\{p^t\}: p\varepsilon q\}$

7.5. Eine Zustandsbeschreibung (P, Z) heißt *schwach konstruierbar*, wenn dafür gilt

a) (P, Z) ist konstruierbar

b) $\bigwedge_{t\varepsilon T} \bigwedge_{q\varepsilon Z(t)} \inf(q^t) = \{q^t\}$

Eine steuerbare Zustandsbeschreibung (P, Z) ist damit dadurch ausgezeichnet, daß jeder Zustand $z(t)$ zur Zeit t durch jede Funktion $p^t: T^t \to M$ mit $p^t \varepsilon z(t)^t$ eindeutig bestimmt ist. Bei einer schwach konstruierbaren Zustandsbeschreibung dagegen, ist dafür die Kenntnis der Menge $z(t)^t$ notwendig.

7.6. Wir wollen nun ähnliche Überlegungen für die Rekonstruierbarkeit anstellen. Für beliebige Zeitpunkte t aus T und Zustände q aus $z(t)$ bezeichne $\inf(q_t)$ die Menge

$$\inf(q_t) := \inf\{U : U \subset q_t \wedge \bigwedge_{\bar{q}\varepsilon Z(t)} U \subset \bar{q}_t \Rightarrow \bar{q}_t = q_t\}$$

wobei nun für die Operation inf der Verband $(\mathrm{Pot}(Z(t)_t), \cap, \cup)$ zugrundegelegt wird. Die Mengen aus $\inf(q_t)$ sind nun die kleinsten, welche noch q_t festlegen.

Wir definieren dann:

7.7. Eine Zustandsbeschreibung (P, Z) heißt *beobachtbar*, wenn gilt

a) (P, Z) ist rekonstruierbar

b) $\bigwedge_{t\varepsilon T} \bigwedge_{q\varepsilon Z(t)} \inf(q_t) = \{\{p_t\}: p\varepsilon q\}$

7.8. Eine Zustandsbeschreibung (P, Z) heißt *schwach rekonstruierbar*, wenn gilt

a) (P, Z) ist rekonstruierbar

b) $\bigwedge_{t\varepsilon T} \bigwedge_{q\varepsilon Z(t)} \inf(q_t) = \{q_t\}$

Während also im Falle einer beobachtbaren Zustandsbeschreibung nur die „Beobachtung" einer „Realisierung" des Prozesses von der Zeit t an zur Bestimmung des Zustandes zur Zeit t ausreicht, muß man dafür im Falle einer schwach rekonstruierbaren Zustandsbeschreibung den ganzen Verlauf des Zustandes von der Zeit t an kennen.

Wir untersuchen nun die von uns bisher kennengelernten dynamischen Zustandsbeschreibungen (P, Z_0), (P, Z_1), $(P, \tilde{Z})$ und $(P, \overset{\equiv}{Z})$ im Hinblick auf deren Konstruierbarkeit, Rekonstruierbarkeit, Steuerbarkeit und Beobachtbarkeit.

7.9. Satz: Eine diskrete Zustandsbeschreibung (P, Z_0) ist im allgemeinen nicht konstruierbar und nicht rekonstruierbar.

Beweis: Dies folgt sofort daraus, daß man aus der Kenntnis von p^t bzw. p_t im allgemeinen nicht auf p schließen kann.

7.10. Satz: Die volle Zustandsbeschreibung (P, Z_1) ist steuerbar und beobachtbar

Beweis: Dies ist trivial, denn für alle Zeiten t gibt es nur stets den einen Zustand $z(t) = P$.

7.11. Satz: Die natürliche Zustandsbeschreibung $(P, \tilde{Z})$ ist steuerbar aber im allgemeinen nicht rekonstruierbar.

Beweis: Wir überlegen uns zuerst, daß $(P, \tilde{Z})$ konstruierbar ist. Gilt $(q^t, q)\, \varepsilon \varkappa(t)$ und $(q^t, \bar{q})\, \varepsilon \varkappa(t)$ so gilt $\bar{q}^t = q^t$ und es gibt eine Zeitfunktion p aus P mit $q^t = \{p^t\} = \bar{q}^t$. Es ist aber dann $q = \{p_t^< P\} = \bar{q}$. $\varkappa(t)$ ist somit funktional. Daß $(P, \tilde{Z})$ steuerbar ist folgt daraus, daß für jeden Zeitpunkt t und jeden Zustand q aus $Z(t)$ gilt: $\inf(q^t) = q^t = \{p^t\}$ mit $p \varepsilon q$. $(P, \tilde{Z})$ ist aber nicht rekonstruierbar, denn von $q_t = (p_t^< P)_t$ mit $p \varepsilon q$ kann allgemein nicht auf p^t und damit auch nicht auf q geschlossen werden.

7.12. Satz: Die reduzierte Zustandsbeschreibung $(P, \overset{\equiv}{Z})$ ist steuerbar und schwach rekonstruierbar.

Beweis: Wir führen den Beweis in mehreren Schritten. Wir definieren zuerst für $(P, \overset{\equiv}{Z})$ die Relationen $\alpha_0(t)$ und $\alpha(t)$ durch

$$\alpha_0(t) := \{(p^t, p \overset{\circ}{_t} q : q \varepsilon Z(t) \wedge p \varepsilon q\}$$
$$\alpha(t) := \{(p^t, q) : q \varepsilon Z(t) \wedge p \varepsilon q\}$$

Wir zeigen zuerst, daß $\alpha_0(t)$ und $\alpha(t)$ funktional sind: Gilt $(p_t, p \overset{\circ}{_t} q)\, \varepsilon \alpha_0(t)$ und $(p^t, p \overset{\circ}{_t} q)\, \varepsilon \alpha_0(t)$ mit $p \varepsilon q \cap \bar{q}$ so haben wir nach Definition (6.3) von $(P, \overset{\equiv}{Z})$

$$q = z(t) = \{r : r \varepsilon P \wedge r_t \varepsilon (p_t^< P)_t\} = \bar{z}(t) = \bar{q} \text{ also } p \overset{\circ}{_t} q = p \overset{\circ}{_t} \bar{q}.$$

$\alpha_0(t)$ ist also funktional. Im Beweis von Satz (6.4) sahen wir, daß $(P, \overline{\overline{\overline{Z}}})$ konkatenationstreu ist. Damit gilt für $p\varepsilon z(t)$ stets $p_t^{\cdot}z(t) = p \overset{<}{_t} z(t]$. Mit der Relation ν_t von Definition (4.3) gilt aber dann $\alpha(t) = \alpha_0(t)\, o\nu_t^{\cdot}$. $(P, \overline{\overline{\overline{Z}}})$ ist, wie wir bereits beim Beweis des Satzes (6.4) erfahren haben, auch vergangenheitserweiternd; die Relation ν_t also funktional. Damit ist aber dann auch $\alpha(t)$ funktional. Jedes Anfangsstück p^t einer Zeitfunktion p aus q mit $q\varepsilon Z(t)$ bestimmt so eindeutig den Zustand q und daher auch q^t. $(P, \overline{\overline{\overline{Z}}})$ ist somit steuerbar.

Um zu zeigen, daß $(P, \overline{\overline{\overline{Z}}})$ im allgemeinen nur schwach rekonstruierbar ist, überlegen wir uns zuerst die Rekonstruierbarkeit. Sei $(q_t, q)\varepsilon\varrho(t)$ und $(q_t, \overline{q})\, \varepsilon\varrho(t)$. Es ist dann $q_t = \overline{q}_t$. Wir haben dann $q = z(t) = \{r : r\varepsilon P \wedge r_t\varepsilon q_t\}$ $= \{r : r\varepsilon P \wedge r_t\varepsilon\overline{q}_t\} = \overline{z}(t) = \overline{q}$. $\varrho(t)$ ist also funktional und $(P, \overline{\overline{\overline{Z}}})$ damit rekonstruierbar. Im allgemeinen wird aber für die Rekonstruktion eines Zustandes q die Kenntnis von ganz q_t notwendig sein, so daß $(P, \overline{\overline{\overline{Z}}})$ im allgemeinen nur trivial beobachtbar ist.

8. *Zustandsbeschreibung von Input-Output Prozessen*

In vielen Fällen der Anwendung sind Prozesse, bei denen Input und Output spezifiziert ist, von besonderem Interesse. Mit dem Konzept des Input-Output-Prozesses P_T als Teilmenge eines Produktprozesses XY mit $X \subset A^T$ und $Y \subset A^T$ haben wir bereits in (2.4) einen solchen kennengelernt. Für Input-Output-Prozesse gelten, da sie ja auch Prozesse sind, alle bisher erhaltenen Ergebnisse. Im folgenden seit mit P stets ein Input-Output-Prozeß mit $P \subset XY$ verstanden. Die Zeitfunktionen p aus P schreiben wir dann auch in der Form $p = xy$ mit $x\varepsilon X$ und $y\varepsilon Y$.

Wie wir in der Einführung bereits bemerkt haben, ist es eine wichtige Aufgabe, Maschinen zu entwickeln, welche den Input-Output-Prozeß P erzeugen (Entwicklung von „WHITE BOXES"). Wir tun dies auf der Basis der für Prozesse allgemein eingeführten Zustandsbeschreibung (P, Z). Um bei einer P „auftretenden" Input-Output-Zeitfunktion xy den Output y als Antwort der „Maschine" (P, Z) auf den Input x sehen zu können, sind spezielle Eigenschaften, die den Input-Output-Charakter von P berücksichtigen, für (P, Z) einzuführen. Wir wollen uns hier auf die Betrachtung von zwei besonders wichtigen Eigenschaften, nämlich „nichtantizipatorisch" und „statisch" beschränken.

8.1. Eine Zustandsbeschreibung (P, Z) eines Input-Output-Prozesses P heißt *nichtantizipatorisch*, wenn dafür gilt

$$\bigwedge_{z\varepsilon Z} \bigwedge_{xy,\overline{xy}\varepsilon P} \bigwedge_{t,t'\varepsilon T} xy, \overline{xy}\varepsilon z(t) \wedge x^{t'} = \bar{x}^{t'} \wedge x(t') = \bar{x}(t') \Rightarrow y(t') = \bar{y}(t')$$

8.2. Eine Zustandsbeschreibung (P, Z) eines Input-Output-Prozesses P heißt *statisch*, wenn dafür gilt

$$\bigwedge_{z\varepsilon Z} \bigwedge_{xy,\overline{xy}\varepsilon P} \bigwedge_{t,t'\varepsilon T} xy, \overline{xy}\varepsilon z(t) \wedge x(t') = \bar{x}(t') \Rightarrow y(t') = \bar{y}(t')$$

Es ist unmittelbar abzulesen, daß jede statische Zustandsbeschreibung auch nichtantizipatorisch ist.

Man kann sich weiters leicht überlegen, daß zu jedem Input-Output-Prozeß P stets nichtantizipatorische Zustandsbeschreibungen gefunden werden können, z.B. ist die „feinste" Zustandsbeschreibung (P, Z_0) eines solchen stets auf triviale Weise nichtantizipatorisch.

Zahlreiche Modelle der Wissenschaften, vor allem solche in den Natur- und Ingenieurwissenschaften, haben ein nichtantizipatorisches oder statisches Input-Output-Verhalten, welches im Einklang zu den von uns hier gegebenen Definitionen steht. Da solche Modelle weiters oft dynamisch sind, erscheint es wichtig, diese beiden Eigenschaften auf die Bedeutung für eine dynamische Zustandsbeschreibung eines Input-Output-Prozesses hin zu untersuchen.

Wir begnügen uns hier nur eine Frage dabei anzusprechen, nämlich die Frage nach der „Zerlegung" des Input-Output-Prozesses P in eine Serienschaltung, bestehend aus einer „Zustandsmaschine" ξ und eine „Output-Maschine" β nach folgendem Bild:

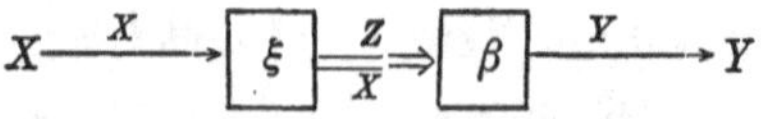

Die Maschine ξ soll dabei zu jeder Inputfunktion x die zugehörige Zustandstrajektorie z berechnen; die Maschine β hat die Aufgabe aus x und z den Output zu berechnen. Wir werden sehen, daß im Falle, daß für den Prozeß P eine dynamische und steuerbare und nichtantizipatorische Zustandsbeschreibung (P, Z) vorliegt, es gelingt, eine solche Zerlegung anzugeben, wobei ξ die Eigenschaft einer „kausalen" Maschine und β die einer „statischen" Maschine hat.

8.3. Sei (P, Z) eine Zustandsbeschreibung des Input-Output-Prozesses P. Für beliebige t, t' mit $t \leq t'$ definieren wir dann die Relation $\Phi_{t,t'}$ von $Q_x X$ in Q durch

$$(q, x)\, \Phi_{t,t'} q' :\Leftrightarrow \bigvee_{y\varepsilon Y} (q, xy)\, \ddot{u}_{t,t'} q',$$

wobei $\ddot{u}_{t,'t}$ die in (4.6) für (P, Z) definierte Relation ist. Für beliebige t aus T sei weiters die Relation $\beta(t)$ von $Q \times A$ in B definiert durch

$$(q, a)\, \beta(t)\, b :\Leftrightarrow q \varepsilon Z(t)\, \Lambda \bigvee_{xy \varepsilon q} xy(t) = (a, b)$$

Für $\Phi_{t,t'}$ gilt

8.4. Satz: Ist die Zustandsbeschreibung (P, Z) eines Input-Output Prozesses P dynamisch, steuerbar und nichtantizipatorisch so ist für alle $t, t' \varepsilon T$ mit $t \leq t'$ die Relation $\Phi_{t,t'}$ funktional.

Beweis: Gelte $(q, x)\, \Phi_{t,t'} q'$ und $(q, x)\, \Phi_{t,t'} \bar{q}'$. Es gibt dann $y, \bar{y} \varepsilon Y$ mit $(q, xy)\, \ddot{u}_{t,t'} q'$ und $(q, x\bar{y})\, \ddot{u}_{t,t'} q'$. Es ist dann $xy \varepsilon q \cap q'$ und $x\bar{y} \varepsilon q \cap \bar{q}'$. Da (P, Z) nichtantizipatorisch ist, gilt dann $y^{t'} = \bar{y}^{t'}$ also $(xy)^{t'} = (x\bar{y})^{t'}$. Da aber weiters (P, Z) dynamisch vorausgesetzt ist, ist $\ddot{u}_{t,'t}$ funktional. Es ist also durch xy der Zustand q' und durch $x\bar{y}$ der Zustand $\bar{q}'$ eindeutig gegeben. (P, Z) ist aber andererseits auch steuerbar, so daß diese Zustände bereits durch die Anfangsstücke $(xy)^{t'}$ und $(x\bar{y})^{t'}$ eindeutig gegeben sind. Da aber $(xy)^{t'} = (x\bar{y})^{t'}$ gilt, haben wir somit $q' = \bar{q}'$.

Für die Relation $\beta(t)$ gilt

8.5. Satz: Ist (P, Z) konkatenationstreu und nichtantizipatorisch, dann ist für alle t aus T die Relation $\beta(t)$ funktional.

Beweis: Gilt $(q, a)\, \beta(t)\, b$ und $(q, a)\, \beta(t)\, \bar{b}$, so gibt es Input-Output-Paare $xy, \bar{x}\bar{y} \varepsilon q$ mit $xy(t) = (a, b)$ und $\bar{x}\bar{y}(t) = (a, \bar{b})$.

Da (P, Z) konkatenationstreu ist, gilt auch $xy \circ_t \bar{x}\bar{y} \varepsilon q$. Da (P, Z) weiters nichtantizipatorisch ist, folgt dann wegen $x^t = (x \circ_t \bar{x})^t$ und $x(t) = (x \circ_t \bar{x})\,(t)$ daß gilt $b = y(t) = (y \circ_t \bar{y})\,(t) = \bar{y}(t) = \bar{b}$.

8.6. Mit Hilfe der Relation $\Phi_{t,t'}$ sei folgende Relation ξ von $T \times T \times Q \times X$ in Q definiert:

$$(t', t, q, x) \xi q' : \Rightarrow (q, x) \Phi_{t,t'} q'$$

Weiters sei die Relation β von $T \times Q \times A$ in B definiert durch

$$(t, q, a)\, \beta b : \Leftrightarrow (q, a)\, \beta(t)\, b$$

Es gilt dann mit Satz 8.4. und Satz 8.5.

8.7. Satz: Ist (P, Z) dynamisch, steuerbar und nichtantizipatorisch, dann sind die Relationen ξ und β funktional.

Liegt also eine dynamische, steuerbare und nichtantizipatorische Zustandsbeschreibung (P, Z) eines Input-Output-Prozesses P vor, dann kann dieser vorteilhaft auch mittels der „Zustandsmaschine" ξ und der „Output-Maschine" β dargestellt werden. Wir nennen das Paar (ξ, β) das von (P, Z) bestimmte

„dynamisches System mit Input und Output"

des Prozesses P.

8.8. Satz: Für die Relation ξ eines dynamischen Systems mit Input und Output gilt stets

a) $(t, t, q, x)\,\xi\,\bar{q} \Rightarrow \bar{q} = q$

b) $(t', t, q, x)\,\xi q' \Rightarrow \bigwedge_{t''\varepsilon T_{t,t'}} \bigvee_{q''\varepsilon Q} (t'', t, q, x)\xi\, q'' \wedge (t', t'', q'', x)\,\xi q'$

c) $(t', t, q, x)\,\xi q' \wedge (t', t, q, \bar{x})\xi \bar{q}' \wedge (x_{t,t'} = \bar{x}_{t,t'}) \Rightarrow \bar{q}' = q'$

Beweis: a) Gilt $(t, t, q, x)\,\xi\bar{q}$ so gilt $(q, x)\,\Phi_{t,t}\bar{q}$ und es gibt demnach ein y so daß $(q, xy)\,\ddot{u}_{t,t}\bar{q}$. Nach der Definition von $\ddot{u}_{t,t'}$ in (4.6) gibt es aber dann eine Zustandstrajektorie z und es ist $q = z(t) = \bar{q}$.

b) Gilt $(t', t, q, x)\,\xi q'$ so gibt es eine Zustandstrajektorie z so daß $z(t) = q$ und $z(t') = q'$. Definieren wir für $t''\varepsilon T_{t,t'}$ den Zustand q'' durch $q'' := z(t'')$ so gilt natürlich $(t'', t, q, x)\,\xi q''$ aber auch $(t', t'', q'', x)\,\xi q'$.

c) Gilt $(t', t, q, x)\,\xi q'$ und $(t', t, q, \bar{x})\,\xi\bar{q}'$ so gibt es Zustandstrajektorien $z, \bar{z}$ mit $z(t) = q = \bar{z}(t)$ und $z(t') = q'$ und $\bar{z}\,(t') = \bar{q}'$. Es gibt weiters Output-Funktionen $y, \bar{y}$ mit $xy\varepsilon z(t) \cap z(t')$ und $\overline{xy}\varepsilon\bar{z}(t) \cap \bar{z}(t')$. Da die zugrunde liegende Zustandsbeschreibung (P, Z) konkatenationstreu vorausgesetzt ist, gilt aber wegen $z(t) = \bar{z}(t)$ und somit $xy, \overline{xy}\varepsilon z(t)$, daß $(xy)^t(\overline{xy})_t\varepsilon z(t)$ und $(xy)^t(\overline{xy})_t\varepsilon(t)$. Gilt weiters $x_{t,t'} = \bar{x}_{t,t'}$ so gilt dann wegen der Nichtantizipativität von (P, Z) $(xy)^{t'} = (xy)^t\,(\overline{xy})_{t,t'}$. (P, Z) ist aber steuerbar, so daß $(xy)^{t'}$ eindeutig den Zustand $z(t') = q'$ und $(xy)^t(\overline{xy})_{t,t'}$ eindeutig den Zustand $\bar{z}(t') = \bar{q}'$ bestimmen. Es gilt somit $q' = z(t') = \bar{z}(t') = \bar{q}'$.

Satz 8.8. drückt gerade die Eigenschaften aus, die man üblicherweise von der funktionalen Relation ξ eines dynamischen Systems mit Input und Output axiomatisch verlangt.

8.9. In der Arbeit Pichler (1972) war ein Ziel, diese axiomatischen Forderungen näher zu durchleuchten. Es wurde dort das Konzept der Zustandsdarstellung

stare $P = (A, B, X, Y, Q_0, Q, \Phi, \beta, T, \leq, t_0)$ eines Input-Output-Prozesses P mit $P \subset X \times Y$ und $X \subset A^T$ sowie $Y \subset B^T$ zugrunde gelegt, welche als kausal vorausgesetzt war. Um den Anschluß an diese Arbeit herzustellen, wollen wir angeben, wie stare P sich aus einer dynamischen, steuerbaren nichtantizipatorischen Zustandsbeschreibung herleitet.

Für einen Input-Output-Prozeß P mit Startzeit t_0 sei (P, Z) eine zugehörige Zustandsbeschreibung. Wir definieren dann die Relation Φ von $T \times Z(t_0) \times X$ in Q durch

$$(t, q_0, x)\, \Phi q :\Leftrightarrow (q_0, x)\, \Phi_{t_0,t}\, q$$

Es gilt dann

8.10. Satz: Ist (P, Z) dynamisch, steuerbar und nichtantizipatorisch, so ist

$$\text{stare}_{(P,Z)}P := (A, B, X, Y, Z(t_0), Q, \Phi, \beta, T, \leq, t_0)$$

eine kausale Zustandsdarstellung des Input-Output-Prozesses P.

Beweis: Wir haben uns zuerst zu überlegen, daß $\text{stare}_{(P,Z)}P$ eine Zustandsdarstellung von P ist (wegen der Definition einer solchen vergleiche man mit Pichler (1972)):

(s4) Es Es gilt offenbar $Z(t_0) \subset Q$

(s5) daß Φ funktional ist folgt sofort aus Satz (8.4)

(s5a) Wegen $(t, q_0, x)\, \Phi q \Leftrightarrow (t, t_0, q_0, x)\, \xi q$ gilt mit (a) von Satz 8.8. für $xy\varepsilon q_0$ die Aussage $(t_0, q_0, x)\, \Phi q_0$

(s5b) Gilt für z daß $xy\varepsilon z(t_0)$ so gilt für alle t aus T $(t, z(t_0), x)\, \Phi z(t)$

(s6) β ist nach Satz (8.5) funktional

Daß $\text{stare}_{(P,Z)}P$ kausal ist, folgt sofort aus der Aussage c von Satz 8.8. Schließlich sei erwähnt, daß die in Pichler (1972) eingeführte Zustandsdarstellung „Nerode stare P" der Zustandsdarstellung $\text{stare}_{(P,\bar{\bar{Z}})}P$ entspricht.

9. *Schluß*

Wir haben gesehen, in welcher Weise wir Prozesse und im speziellen Input-Output-Prozesse unter Verwendung des Zustandsbegriffes beschreiben können. Im Vordergrund stand dabei deren „dynamische" Darstellung, bei der wir von den Zuständen denkökonomische Qualitäten verlangten. Der Leser, der uns bis hierher gefolgt ist, hat einen systematischen Weg kennengelernt, den man bei der Erzeugung von Input-Output-Prozessen durch „Maschinen" immer beschreiten kann. Wie weit die damit erreichbaren „WHITE BOXES" eine brauchbare Konstruktion für die Anwendung bei spezifischen Modellen abgeben können, ist jeweils eine in der zugehörigen Fachdisziplin zu stellende Frage. Die Klasse der hier betrachteten dynamischen Zustandsbeschreibungen hat aber in vielen Gebieten, besonders in den Ingenieurwissenschaften (Regelungstechnik, Nachrichtentechnik, Informatik) zahlreiche Anwendungen.

Die hier angesprochene „Darstellungstheorie von Prozessen" ist derzeit noch nicht voll ausgebaut und weitere Resultate können leicht erzielt werden (zeige z.B., daß eine steuerbare Zustandsbeschreibung auch vergangenheitserweiternd und überführend ist, so daß bei allen unseren Sätzen in den Voraussetzungen „dynamisch und steuerbar" durch „konkatenationstreu und steuerbar" ersetzt werden kann). Der Weg zum derzeitigen Stand war aber trotzdem sehr lang. Dies wird durch das Studium der Arbeiten von BLOMBERG, MACKO, MESAROVIC, KALMAN, SALOVAARA, WINDEKNECHT, WYMORE und ZADEH, welche wir im Literaturverzeichnis angeben, deutlich. Der letzte Stand der Entwicklung scheint durch die richtungsweisende Monographie von WINDEKNECHT (1973), in der allerdings die Betrachtung „zeitinvarianter" Darstellungen betont ist, gegeben zu sein. Diese Arbeit diente uns auch hier stets als Vorbild und der an der Problematik weiter interessierte Leser sei darauf verwiesen.

Literatur

BLOMBERG, H. (1972): On Set Theoretical and Algebraic Systems Theory, Part I. In: Advances in Cybernetics and Systems Research, Proceedings of the European Meeting, Vienna, 1972. (Editors: F. PICHLER, R. TRAPPL), Transcripta Books, 30 Craven Street, London WC 2, 1973, S. 17–39. (1972a): Time evolution of systems and of input-output descriptions of systems associated with time functions, unpublished paper and private communication.

MACKO, D. (1970): Natural States and Past-Determinism of General Time Systems. Systems Research Center, Case Western Reserve University, Cleveland, Ohio, Technical Report.

MESAROVIC, M. D. (1967): Auxiliary Functions and Constructive Specification of General Systems. Math. Systems Theory, Vol. 2, No. 3 (1967), p. 203–222. (1969): Mathematical Theory of General Systems, in Preston Hammer (ed.). Advances in Mathematical Systems Theory, The Pennsylvania State. University Press, 1969.

KALMAN, R. E., P. L. FALB and M. A. ARBIB (1969): Topics in Mathematical Systems Theory, McGraw-Hill Book Company, New York, 1969.

PICHLER, F. (1972): On causality of general dynamical systems in: Advances in Cybernetics and Systems Research, Proceedings of the European Meeting, Vienna, 1972. (Editors: F. PICHLER, R. TRAPPL), Transcripta Books, 30 Craven Street, London WC 2, 1973, S. 40–47.

SALOVAARA, S. (1967): On Set Theoretical Foundations of System Theory. Acta Polytechnica Scandinavica, Mathematics and Computing Machinery, Series No. 15, Helsinki 1967.

Windeknecht, T. G. (1967): Mathematical System Theory: Causality, Math. System Theory, Vol. 1, No. 4 (1967), p. 279–288. (1971): General Dynamical Processes, A Mathematical Introduction, Academic Press, New York 1971. (1973): General Dynamical Processes II, The State Space Approach, Lecture Notes in Operations Research and Mathematical Systems, Springer Verlag, to appear.

Wymore, A. W. (1967): A Mathematical Theory of Systems Engineering: The Elements. New York: Wiley.

Zadeh, L. A., and C. A. Desoer (1963): Linear System Theory: The State Space Approach, McGraw-Hill, New York.

Zadeh, L. A. (1969): The concepts of system, aggregate, and state in system theory, in: Zadeh-Polak (ed.): System Theory, McGraw-Hill, New York S. 3–43.

Klaus Fleischmann und Uwe Prehn

Subkritische räumlich homogene Verzweigungsprozesse[1]

Jeder Punkt x eines stationären ergodischen Punktprozesses Φ im R^s mit endlicher Intensität erzeugt unabhängig von allen anderen Punkten von Φ einen Schauer χ_x, der selbst wieder ein Punktprozeß ist und im Mittel λ Punkte enthält, $0 < \lambda < 1$. Das Verteilungsgesetz $[D]_{(x)}$ von χ_x entsteht aus $[D]_{(0)} = D$ durch Verschiebung um x. Die Überlagerung der unabhängigen Schauer χ_x für jedes x aus Φ ergibt den ausgeschauerten Punktprozeß Φ_1, und durch sukzessive Fortführung entsteht der räumlich homogene subkritische Verzweigungsprozeß $\Phi, \Phi_1, \Phi_2, \ldots$ Transformiert man jeden Punkt x von Φ_n in $\lambda^{n/s}x$, so konvergiert das Verteilungsgesetz des kontrahierten Punktprozesses $K_n\Phi_n$ schwach gegen eine Grenzverteilung P^*. Der Punktprozeß P^* entsteht aus einem stationären Poissonschen Punktprozeß, indem jeder Punkt dieses Poissonschen Punktprozesses mit p^* unabhängig vervielfacht wird. p^* ist dabei die Grenzverteilung des zur Schauverteilung D zugehörigen subkritischen Galton-Watson-Prozesses.

Der Spezialfall, daß χ_x höchstens aus einem Punkt besteht und dieser sich wieder am Ort x befindet, wurde bereits von Nawrotzki (1962) und unabhängig davon von Beljajev (1963) gelöst.

Die genaue und allgemeinere Formulierung des Resultats und die Beweise sind dem Artikel der Verfasser in den Mathematischen Nachrichten **70**, S. 231–250 (1975), Teil 1 (Teil 2 noch im Druck), zu entnehmen.

1 Kurzvortrag vor der Klasse Mathematik am 18. 4. 1974.

Reinhard Pöschel

Funktionale Vollständigkeit in mehrwertigen Logiken[1]

Es sei K eine endliche Menge mit k Elementen und P_K die Menge der Funktionen der k-wertigen Logik, d.h. die Menge aller endlichstelligen Funktionen über K. Bei der Untersuchung von Funktionensystemen $F \subseteq P_K$ spielt die Superposition eine zentrale Rolle.

Angeregt durch Fragen aus Kybernetik und mathematischer Logik ergibt sich das Problem, wie die Menge $\langle F \rangle_K$ zu charakterisieren ist, die aus allen Superpositionen einer gegebenen Menge F von „Elementarfunktionen" besteht. Für die Analyse und Synthese von logischen Netzen ist es wichtig, ein System F zur Verfügung zu haben, das alle anderen Funktionen aus P_K zu erzeugen vermag. Derartige Funktionensysteme F mit $\langle F \rangle_K = P_K$ heißen funktional vollständig.

E. L. Post [6] beschrieb als erster den Verband aller superpositionsabgeschlossenen Klassen von Booleschen Funktionen und gab ein Vollständigkeitskriterium an, hinter dem sich folgender allgemeiner Sachverhalt verbirgt:

Eine Menge $F \subseteq P_K$ ist funktional vollständig genau dann, wenn F in keiner maximalen Klasse ganz enthalten ist. Dabei heißt $H \subseteq P_K$ maximal (prävollständig), wenn $\langle H \rangle \neq P_K$ und $H \subset H' \Rightarrow \langle H' \rangle = P_K$ für alle $H' \subseteq P_K$ gilt. Damit ist das Problem der funktionalen Vollständigkeit gelöst, wenn alle maximalen Klassen bekannt sind.

Für $k = 2$ beschrieb E. L. Post alle 5 maximalen Klassen, für $k = 3$ gab S. V. Jablonski [2] alle 18 maximalen Klassen an, und für beliebiges k gelang I. Rosenberg [7] die vollständige Lösung, indem die maximalen Klassen durch invariante Relationen charakterisiert wurden. Zu diesen invarianten Relationen stößt nun eine von ganz anderen Quellen ausgegangene Entwicklung der Theorie von Funktionensystemen. Aufbauend auf Ergebnissen von M. Krasner schufen L. A. Kaloujnine und Mitarbeiter [1] eine allgemeine Theorie Postscher Algebren und deren invarianten Rela-

1 Kurzvortrag vor der Klasse Mathematik am 18. 4. 1974.

tionen. Eine Postsche Algebra ist dabei eine superpositionsabgeschlossene Klasse $F = \langle F \rangle_K \subseteqq P_K$. In [1] wird eine Galoisverbindung zwischen Funktionenklassen und Relationenklassen hergestellt und insbesondere die Struktur der Invariantenmengen untersucht.

Vergegenwärtigt man sich eine Funktion $f \in P_K$ als kombinatorischen Automaten mit n Eingängen und einem Ausgang, so stellt sich die Frage, warum jeder Eingang mit Werten aus ein und derselben Menge K belegt werden muß, da doch durchaus unterschiedliche Ein- und Ausgabeeinrichtungen existieren. In Verallgemeinerung der Funktionen aus P_K wird statt dessen eine Familie $\mathcal{K} = (K_i)_{i \in I}$ von (paarweise disjunkten) endlichen Mengen K_i betrachtet, und es werden alle Funktionen

$$f: K_{i_1} \times \cdots \times K_{i_n} \to K_{i_0}$$

über dieser Mengenfamilie untersucht.
Als Probleme ergeben sich:

A. Charakterisierung superpositionsabgeschlossener Funktionenmengen durch Invariantenmengen und deren Struktur.

B. Charakterisierung funktional vollständiger Funktionenklassen.

Diese Probleme wurden in [4] und [5] gelöst (Spezialfälle findet man in [3]).

Das Ergebnis hat folgende Form: Eine vorgegebene Menge F von Funktionen über $\mathcal{K}$ ist funktional vollständig genau dann, wenn zu jeder Relation R (einer genau angebbaren endlichen Menge von Relationen) eine Funktion $f \in F$ existiert, für die R nicht invariant ist.

Unter Benutzung der Resultate aus [8] kann auch die Anzahl der maximalen Klassen in $P_{\mathcal{K}}$ genau angegeben werden.

Die Theorie superpositionsabgeschlossener Klassen (Postscher Algebren) und zugehöriger Invariantenmengen (Postscher Koalgebren) findet Anwendung nicht nur bei Vollständigkeitsfragen, sondern auch bei algebraischen Strukturuntersuchungen, bei Beziehungen zwischen verschiedenen mehrwertigen Logiken, in der Automatentheorie und bei speziellen Problemen von Permutationsgruppen.

Literatur

[1] Bodnarčuk, V. G., L. A. Kalužnin, V.N. Kotov und B. A. Romov: Galois-Theorie für Postsche Algebren (Russisch). Kibernetika (Kiew) 3 (1969), 1—10, 5 (1969), 1—9.

[2] Jablonski, S. V.: Funktionale Konstruktionen in der k-wertigen Logik (russisch). Trudy Mat. Inst. Steklov. **51** (1958), 5—142.

[3] Kudrjavcev, V. B. und G. Burosch: Das Problem der Vollständigkeit für Boolesche Funktionen über zwei Dualmengen. Math.Nachr. **54** (1972), 105–125.
[4] Pöschel, R.: Postsche Algebren von Funktionen über einer Familie endlicher Mengen. Z. Math. Logik Grundlagen Math. **19** (1973), 37–74.
[5] Pöschel, R.: Die funktionale Vollständigkeit von Funktionenklassen über einer Familie endlicher Mengen. Z. Math. Logik Grundlagen Math. 1974.
[6] Post, E. L.: Two-valued iterative systems of mathematical logic. Annales of Math. Studies 5, Princeton 1941.
[7] Rosenberg, I.: Über die funktionale Vollständigkeit in den mehrwertigen Logiken. Rozpravy, Praha 1970.
[8] Rosenberg, I.: The number of maximal closed classes in the set of functions over a finite domain. J. combinat. Theory, Ser A. **14** (1973), 1–7.

Gottfried Anger

Einige Betrachtungen über inverse Probleme[1]

Das Gebiet der inversen Aufgabenstellungen zählt zu den aktuellsten Forschungsgebieten der Mathematik. Es vereint in idealer Weise mathematische Grundlagenforschung und angewandte Forschung. Dieses Gebiet wurde in der Vergangenheit wegen seiner komplizierten mathematischen Strukturen nur zögernd in Angriff genommen. Der Grund hierfür ist folgender: Die Lösungen von inversen Problemen sind häufig nicht eindeutig bestimmt und hängen nicht stetig von den Ausgangsdaten ab. Sie gehören zur Klasse der inkorrekten Aufgabenstellungen. Daher lassen sich große Teile der mathematischen Analysis, die auf dem Begriff der korrekt gestellten Aufgabe beruhen und deren Lösungen sich durch endlichdimensionale Probleme annähern lassen, nicht direkt auf die voranstehenden Probleme anwenden. Wesentliches Hilfsmittel für eine moderne Behandlung gewisser inverser Aufgaben (die rechte Seite der Differentialgleichung ist zu bestimmen) bilden die Ergebnisse über konvexe Mengen, über mehrdeutige Abbildungen und gewisse Ergebnisse der modernen Potentialtheorie. Im vorliegenden Fall werden zuerst alle Lösungen einer inversen Aufgabe betrachtet und später durch Zusatzbedingungen eine eindeutige Lösung ausgewählt [1], [2], [3], [4], [12]. Diese Untersuuchngen stehen allerdings noch am Anfang.

Die erste inverse Aufgabe — das sogenannte inverse kinematische Problem — wurde von G. Herglotz und E. Wichert 1905—1907 betrachtet. Hierbei ist der Koeffizient der zweiten Ableitung nach der Zeit zu bestimmen [8]. P. S. Novikov stellte 1938 Eindeutigkeitsuntersuchungen über das inverse Problem der Geophysik an. Hierbei handelt es sich um die Bestimmung der rechten Seite der Laplace-Gleichung aus der Kenntnis des Potentials der Erde auf der Erdoberfläche [7], [10].

1 Vortrag vor der Klasse Mathematik am 13. 6. 1974.

A. N. Tychonov untersuchte 1943 stabile inverse Aufgaben [13]. Wegen der geschichtlichen Entwicklung der Theorie der inversen bzw. inkorrekten Aufgaben vergleiche man etwa [6], [7], [8], [9], [10], [11], [13], [14]. Die Theorie der inversen Aufgabenstellungen steht noch am Anfang ihrer Entwicklung; für viele numerische Näherungsverfahren (Bestimmung der rechten Seite einer Differentialgleichung) ist keine mathematische Begründung vorhanden.

Als Vorbereitung für die spätere Formulierung gewisser inverser Aufgaben betrachten wir einige direkte Aufgaben, bei welchen ν fest ist.

a) Laplace-Gleichung

Im Fall der Gleichung

$$\Delta_n u = \sum_{i=1}^{n} \frac{\partial^2 u}{\partial x_i^2} = \nu \tag{1}$$

studiert man für ein Gebiet $\Omega \subset R^n$ Lösungen u, die auf dem Rand $\partial\Omega$ gewissen Randbedingungen genügen, wie z. B.

$$u\,|_{\partial\Omega} = f \text{ (Dirichlet-Problem)}, \tag{2}$$

$$|\text{grad } u|\,|_{\Omega\partial} = f. \tag{3}$$

Im Fall (1), (2) gibt es unter geeigneten Voraussetzungen über ν, f und Ω genau eine Lösung u.

b) Wärmeleitungsgleichung

In diesem Fall studiert man Lösungen u der Gleichung (4)

$$\frac{\partial u}{\partial x_n} - \Delta_{n-1} u = \nu,$$

die auf einem Teil $\partial\Omega_w$ von $\partial\Omega$ der Randbedingung

$$u\,|\partial\Omega_w = f \text{ (Dirichlet-Problem)} \tag{5}$$

genügt. Speziell kann man für $\Omega_T = \{x \in R^n, x_n > T\}$ das Anfangswertproblem

$$u\,|\partial\Omega_T = f \text{ (Cauchy-Problem)} \tag{6}$$

betrachten, welches unter geeigneten Voraussetzungen über f und ν eindeutig lösbar ist. Die Lösungen von (4) und (6) sind für $x_n > T$ analytisch, was für die Lösungen von (4) und (5) im allgemeinen nicht gilt.

c) Wellengleichung

Für die Gleichung

$$\frac{\partial^2 u}{\partial x_n^2} - \Delta_{n-1} u = \nu \tag{7}$$

studiert man für Ω_T das Cauchy-Problem

$$u\Big|_{\partial\Omega_T} = f, \quad \frac{\partial u}{\partial x_n}\Big|_{\partial\Omega_T} = g. \tag{8}$$

Bei den voranstehenden Aufgabenstellungen liegt folgender Sachverhalt vor, den wir im Fall von (1), (2) erklären wollen. Man betrachtet auf $\overline{\Omega} = \Omega \cup \partial\Omega$ alle stetigen Lösungen von (1) und untersucht die Menge $H_{\partial\Omega}$ aller Einschränkungen $u|_{\partial\Omega}$ von u auf $\partial\Omega$. Dann läßt sich zu jedem $f \in H_{\partial\Omega}$ (genau) eine Lösung u von (1) mit $u|_{\partial\Omega} = f$ finden. Bei einer Randwert- oder Anfangswertaufgabe blickt man vom Inneren (von Ω) auf den Rand $\partial\Omega$.

Bei einer inversen Aufgabenstellung ist der Sachverhalt umgekehrt. Hier betrachtet man bei variablem ν (Punktfunktion oder Maß) die Menge $H_{\partial\Omega}(\nu)$ gewisser Lösungen einer Differentialgleichung (z.B. die Menge aller Potentiale $E * \nu$, E Grundlösung), die einer Randwert- oder Anfangsbedingung genügen und versucht mit Hilfe der Randfunktion f (und weiteren Bedingungen) ein ν_0 möglichst eindeutig auszuwählen. Die Bedingungen an ν können z.B. von der Gestalt $d\nu = \varrho\, dy$ oder $d\nu = \sigma\, do$ sein. Infolge der Korrektheit der Randwertaufgabe oder Anfangswertaufgabe ist ν nicht eindeutig durch f bestimmt (Balayage-Prinzip). Die Menge $H_{\partial\Omega}(\nu)$ bildet eine konvexe (schwache) kompakte Menge [1], [2], [3], [4], [5], [12]. Einen Überblick über die klassische Behandlungsweise solcher inverser Aufgaben findet man in [7], [8], [9], [10].

Die inverse Aufgabe bei der Laplace-Gleichung mit den Randbedingungen (2) bzw. (3) ist grundlegend in der Geophysik, bei welcher man aus der Kenntnis des Schwerefeldes (Gradient des Potentials) der Erde auf die das Potential erzeugende Massenverteilung (Maß) ν zu schließen sucht. Im Fall der Wärmeleitungsgleichung sucht man aus der Kenntnis des Wärmeflusses auf die den Wärmefluß erzeugenden Wärmequellen ν zu schließen. Im Fall der Wellengleichung versucht man aus der Kenntnis der Wellenfronten auf die Lage und Intensität des Senders zu schließen. Beide Informationen sind in ν enthalten. Im letzteren Fall macht sich die Entwicklung einer Potentialtheorie (Studium der Potentiale $E * \nu$) bezüglich hyperbolischer Gleichungen notwendig.

Weiter kann man mit Hilfe von Funktionen, die auf geeigneten Teilmengen des R^n erklärt sind, gewisse Koeffizienten einer linearen Differentialgleichung berechnen [6], [7], [8], [9], [11], [13]. Außerdem spielt bei gewissen inversen Problemen das Cauchy-Problem der Laplace-Gleichung eine Rolle [7], [11], [14].

Zur Klasse der inkorrekt gestellten Aufgaben gehören weiterhin Gleichungen erster Art $Az = u$, gewisse Probleme bei Fourier-Reihen, die analytische Fortsetzung, das Cauchy-Problem bei elliptischen Differentialgleichungen, das Dirichlet-Problem bei hyperbolischen Differentialgleichungen [7], [13], [14].

Literatur

[1] Anger, G.: Eindeutigkeitssätze und Approximationssätze für Potentiale, III., Sibir. Matem. J. 15, 6, 1163—1179 (1973) (russisch).

[2] Anger, G.: Direct and inverse problems in potential theory, in „Colloquium on non-linear evolution equations and potential theory", Praha 1975, p. 11—44.

[3] Anger, G.: Die Rolle der modernen Potentialtheorie in der Theorie der inversen Aufgabenstellungen, „Gerlands Beiträge zur Geophysik" 85 (1976), 1—20.

[4] Anger, G.: Beziehungen zwischen Potentialtheorie und Geophysik (erscheint in den Ausarbeitungen des Symposiums der KAPG-Arbeitsgruppe 5.2 vom 3. 2. bis 8. 2. 1975 in Tharandt (DDR) über „Numerische Rechenmethoden in der Geophysik"; wird vom Institut für Geophysik in Prag veröffentlicht).

[5] Anger, G., und B.-W. Schulze: Einige Bemerkungen über harmonische Maße und und inverse Probleme, „Beiträge zur Analysis" 8 (1976), 13—26.

[6] Lattès, R., et J.-L. Lions: Méthode de quasi-réversibilité et applications, Paris 1967.

[7] Lavrentiev, M. M.: Some improperly posed problems of mathematical physics, Springer Tracts in Natural Philosophie, vol. 11, Berlin — Heidelberg — New York 1967 (Übersetzung aus dem Russischen).

[8] Lavrentiev, M. M., V. G. Romanov and V. G. Vasiliev: Multidimensional inverse problems for differential equations, Lecture Notes in Mathematics 167, Berlin — Heidelberg — New York 1970 (Übersetzung aus dem Russischen).

[9] Morosov, V. A.: Lineare und nichtlineare nichtkorrekte Aufgabe, Itogi nauki i techniki, Matematiceskij analis, 11, Moskva 1973 (russisch).

[10] Prilepko, A. I.: Über die Existenz und Eindeutigkeit von Lösungen inverser Probleme, Math. Nachr. 63, 135—153 (1974).

[11] Romanov, V. G.: Inverse Probleme für Differentialgleichungen, Novosibirsk 1973 (russisch), (deutsche Übersetzung von B. Borsdorf und F. Liehr, Sektion Mathematik, Universität Halle (DDR)).

[12] Schulze, B.-W.: Über das inverse Problem beim Laplace-Operator Math. Nachr. 67 (1975), 225—235.

[13] Tychonov, A. N. und V. Ja. Arsenin: Lösungsmethoden nichtkorrekter Aufgaben, Moskau 1974 (russisch)

[14] Symposium on non — well posed problems and logarithmic convexity, Lecture Notes in Mathematics, vol. 316, Berlin — Heidelberg — New York 1973.

Franz Heinrich Lange

Zum Einfluß der modernen Algebra auf die Entwicklung der Informationstechnik: Algebraische Strukturen in der Signaltheorie[1]

1. Die Signal- und Systemtheorie als Brücke zwischen der Mathematik und der Informationstechnik

Die Erhöhung der Praxiswirksamkeit der Mathematik („theoria cum praxi“) war nicht nur im November 1974 das Thema einer Arbeitskonferenz an der Humboldt-Universität in Berlin, sondern ist ein in letzter Zeit häufig diskutiertes Thema (vgl. u.a. „Spektrum“ Heft 4/1975). In den Sitzungsberichten des Plenums Heft 11/1973 hat K. Schröter für die Zeitperiode von 1969—1972 den Bericht der problemgebundenen Klasse „Mathematik im System der Wissenschaften“ vorgelegt. Er wies hier mit Nachdruck darauf hin, daß die Mathematik ihren eigenen Weg gehen mußte und gegangen ist.

Er schrieb dort [11]: „Seit etwa 1800 lockerte sich die enge Verbindung von Mathematik und Physik. Dies war vor allem durch folgende Tatsache bedingt. Bei der Begründung der Analysis ergaben sich, wie bekannt, große Schwierigkeiten, die dazu führten, daß in vielen Fällen Antinomien auftraten. ... Es erwies sich daher als notwendig, daß die Mathematiker ihr Augenmerk verstärkt auf die Fragen eines korrekten Aufbaues ihrer Theorien wenden mußten. Diese Neubegründung der Mathematik wurde im 19. Jahrhundert in Angriff genommen und durchgeführt. ... Sie führte zu einem Aufbau der Mathematik, die frei war von allen Antinomien, die die weitere Entwicklung bisher gehemmt hatten. Sie gipfelten in dem eigenständigen Aufbau der Mathematik, wie er von dem hervorragenden Mitglied unserer Akademie, Karl Weierstrass durchgeführt wurde. Auf dieser einwandfreien Grundlage entstanden dann alle modernen mathematischen Theorien, die zu einer stürmischen Entwicklung der Mathematik führten. Hierbei war eine Arbeitsteilung unvermeidlich, die zur intensiven Entwicklung einer sogenannten „reinen“ Mathematik führte, die zunächst von Anwendungen losgelöst war. Im weiteren Verlauf ergab sich nun, daß alle mathematischen

1 Vortrag vor der Klasse Mathematik und der Arbeitsgruppe Mathematische Kybernetik am 20. 3. 1975.

Theorien sich auf die sogenannten Relationstheorie zurückführen lassen. Diese Entwicklung erreichte ihren Höhepunkt, als es gelang, die Theorie der Relationen sogar auf die allgemeine Mengenlehre zurückzuführen. Damit erhielt die Mathematik endgültig ihr festes Fundament. Hierbei wurde auch der in Wirklichkeit gar nicht vorhandene Gegensatz von „reiner" und „angewandter" Mathematik überwunden. Die Mathematik erhält dadurch den Charakter einer außerordentlich einheitlichen Wissenschaft. Alle mathematischen Theorien lassen sich einheitlich auf der Grundlage der allgemeinen Mengenlehre mit den Methoden der mathematischen Logik entwickeln."

Eine ähnliche Entwicklung hat sich auf dem Gebiete der Schwachstromtechnik oder Informationstechnik vollzogen, im weiteren Sinne in der Nachrichten-, Meß- und Regelungstechnik sowie in der Rechenelektronik. Aus der Lösung von gesellschaftlichen Aufgaben heraus entwickelte sich eine für die Teilgebiete der Elektronik einheitliche Theorie. Auch hier ergaben sich Antinomien bei der Optimierung der Geräte, so daß ein dringendes Bedürfnis nach einem einheitlichen und widerspruchsfreien theoretischen Fundament entstand. Im engeren Sinne ist es die Signal- und Systemtheorie. Sie hat auch für Wissenschaftsgebiete außerhalb der Elektrotechnik, z.B. für die Biologie und Medizin, für die Volkswirtschaft, Energiewirtschaft und Verkehrswesen große Bedeutung und wird im weiteren Sinne als „Kybernetik" bezeichnet. Dank der stürmischen Entwicklung der Rechenelektronik und der Mikroelektronik ist ein Ende der Weiterentwicklung nicht abzusehen. Ähnlich wie die Meßtechnik eine wesentliche Ergänzung der Sinnesorgane brachte, stellt die Rechenelektronik als Kind der 2. Hälfte des 20. Jahrhunderts ein wertvolles Werkzeug zur Ergänzung des Gehirns zur Bewältigung geistiger Arbeit dar. Der Beitrag der Mathematik ist in dieser Entwicklungsepoche bedeutend gewesen, wenn auch die benutzten mathematischen Grundlagen schon lange bekannt sind und nicht von der *heutigen* Grundlagenforschung — zumindestens für den Ingenieur erkennbar — geliefert werden. Die Hochfrequenztechnik bildete den Ausgangspunkt und die Grundlage der Informationstechnik und führte in ihrer Entwicklung von Faraday und Maxwell über Heinrich Hertz, Popow, K. W. Wagner, Barkhausen und viele andere Pioniere. Sie ist von Anfang an eine ausgesprochen theoretisch fundierte, mathematisierte Wissenschaft gewesen, ähnlich wie die Strömungslehre und die Aerodynamik. Sie entstand in Zusammenarbeit von Theoretikern aus vielen Ländern, bis sie die heutige Leistungsfähigkeit erlangte, die sich in der Weltraum-Navigations- und Steuerungstechnik kund tut. Unter diesem Aspekt ist es wohl nur der Unkenntnis dieser engen Verflechtung von Technik und Mathematik zuzuschreiben, daß die Mathematik gelegentlich als unzureichend produktionswirksam bezeichnet wird. Freilich hat die Mathematik einen größeren Vorlauf in der Grundlagenforschung als andere Dispziplinen.

Vor allem braucht aber die Mathematik, wie M. Peschel [10] bemerkte, eine andere Wissenschaft, um über sie und durch sie produktionswirksam zu werden. Eine unmittelbare Umsetzung des mathematischen Wissens in die Praxis ist nicht möglich.

Wie eng zum Beispiel die Zusammenarbeit zwischen der reinen Mathematik und der Informationstechnik ist, läßt sich an vielen Beispielen zeigen. Hierzu gehören die Theorie der elektromagnetischen Wellen, die Modulationstheorie, die Leitungstheorie, die Schaltungsalgebra für die Steuerungstechnik, die Signalanalyse nach Fourier und Laplace, die Digitaltechnik (Abtasttheorem, z-Transformation), die Theorie der stochastischen Prozesse zur Signalauffindung im Rauschen, die moderne Filtertheorie zur Signalselektion, um nur einige Beispiel zu nennen.

Trotzdem bleibt es eine notwendige Aufgabe, die Umsetzung rein mathematischer Grundlagen in informationstechnische Anwendungen zu beschleunigen, da der noch ungenutzte Vorrat an reiner Mathematik extrem groß ist. Dieser erste Anstoß kann nur von der Technik kommen. Auch wenn er zunächst nur als heuristischer, intuitiv schöpferischer Ansatz formuliert wird, wie um die Jahrhundertwende die Operatorenrechnung von Oliver Heaviside, so braucht der Informationswissenschaftler doch eine erheblich größere Kenntnis der modernen Mathematik als etwa der Maschineningenieur. Der Mathematiker ist hierbei ein wichtiger Partner, der das Arbeitsfundament bereitstellt. Die Mathematiker sollen hier weder eine „Hilfstruppe" bilden noch sich als solche fühlen, sondern echte Mitarbeiter bei den zu lösenden gesellschaftlichen Aufgaben sein. Bei der Operatorenrechnung ist dies durch Carson, K. W. Wagner [13], Jan Mikusinski [8], G. Doetsch [4] und L. Berg [2] geschehen. Die Hauptarbeit besteht darin, den Zusammenhang einer technischen Methode mit den mathematischen Grundlagen zu erkennen, die griffbereit in einem Schubkasten der mathematischen Vorlaufforschung liegen. Ein Beispiel ist die Anwendung der Besselfunktionen auf die Seitenbandtheorie frequenzmodulierter Signale gewesen.

Ein Beispiel aus jüngster Zeit soll nachfolgend erläutert werden, da es für die Weiterentwicklung von grundsätzlicher Bedeutung erscheint: die Anwendung von algebraischen Strukturen *mit* Nullteilereigenschaft. Hierzu jedoch einige Vorbemerkungen zur Anwendung von Strukturen *ohne* Nullteiler!

2. *Theorie der linearen Systeme, lineare Operatorenrechnung*

Das sehr erweiterungsfähige Grundmodell eines „Systems“ wird mathematisch als Abbildung einer Einwirkung (Eingangssignal-Vektor, Störfunktion, Ursache der Systemreaktion, Stellgröße) auf das System auf die Auswirkung (Ausgangssignal—Vektor, Systemreaktion, Regelgröße) beschrieben. Vgl. Abb. 1a. s. S. 40.

Im Wörterbuch der Kybernetik formuliert G. KLAUS:

„*System*: Menge von Elementen und Menge von Relationen, die zwischen den Elementen bestehen. — Alle isomorphen Ganzheiten dieser Art werden als ein und dasselbe System betrachtet. Die Menge der *Relationen* zwischen den Elementen macht die *Struktur* des Systems aus“.

Die Systemtheorie gliedert sich in die Theorie der linearen Systeme und der nichtlinearen Systeme.

Die Theorie der linearen und zeitinvarianten Systeme ist am weitesten entwickelt und nahezu abgeschlossen.

Die Theorie der linearen Systeme wurde von O. HEAVISIDE und Nachfolgern als Theorie der linearen Netzwerke ausgebaut und zwar in der Form einer „Operatorenrechnung“ im engeren Sinne, einer Theorie der linearen Operatoren.

Hierbei sind zwei Wege als Zugang vorhanden. Der erste Weg stammt von CARSON, K. W. WAGNER, DOETSCH u. a. und benutzt die Funktionentheorie, speziell die LAPLACE-Transformation: die Verknüpfung von Eingangssignal und Systemfunktion wird nicht im Zeitbereich als Faltungsintegral, sondern im spektralen Bildbereich als gewöhnliches algebraisches Produkt der zugehörigen Bildfunktionen dargestellt. Das lineare Netzwerk ist nichts anderes als ein Multiplikator im Bildbereich. Die Transformation in den Bildbereich ergibt bei der Berechnung von Einschwingvorgängen und Ausgleichsvorgängen in linearen Netzwerken mit konzentrierten Parametern anstelle einer gewöhnlichen Differential-Gleichung eine algebraische Gleichung und bei verteilten Parametern anstelle einer partiellen Differential-Gleichung eine gewöhnliche Differential-Gleichung (Leitungstheorie), also eine erhebliche Vereinfachung der Lösungsmethodik. Nennt man bei linearen Netzwerken mit konzentrierten Parametern $Y(p)$ die Eingangsbildfunktion und $H(p)$ die System-Übertragungsfunktion (bei konstanter Belastung), so ergibt sich das Ausgangsbildsignal $X(p)$ zu:

$$X(p) = Y(p) \cdot H(p).$$

Das Lösungsproblem ist hierdurch algebraisiert.

Durch eine Funktionstransformation in einen „Bildbereich“ erhält man eine algebraische Struktur, speziell einen „Körper“.

Eine derartige algebraische Struktur ist nullteilerfrei (s. u.). $H^{-1}(p)$ ist hier der inverse Operator der Abbildung $Y(p) \to X(p)$. Er ergibt sich durch algebraische Umformung der transformierten Differentialgleichung. Die Theorie gibt Auskunft, unter welchen Bedingungen die Systemübertragungsfunktion ein physikalisch realisierbares lineares Netzwerk beschreibt.

Damit ergibt sich als Hauptaufgabe die Rücktransformation der Lösung des Bildbereiches in den Zeitbereich. Dies erfolgt mit Hilfe der Residuenmethode.

Die Theorie ist aber nicht nur geeignet, um Einschwingvorgänge in linearen Netzwerken bei Erregung durch nicht harmonische Signale zu berechnen, obwohl sie auch dazu sehr nützlich ist („System-Analyse“). Sie dient vielmehr zur Lösung der Umkehraufgabe, bei vorgegebenem Frequenzverhalten auf ein vorgegebenes Eingangssignal das zugehörige lineare Netzwerk zu berechnen („System-Synthese“). Diese Theorie ist als sogenannte Filtertheorie bis zu einer großen Vollkommenheit entwickelt worden, anfangs für R-, L- und C-Bauelemente, jetzt für aktive R-C-Filter ohne Induktivitäten im Rahmen der Mikro-Miniaturisierung. Dies geschieht mit Hilfe der Pol-Nullstellenverteilung (P-N-Plan-Geometrie) der Übertragungsfunktion. Bei derartigen technisch bedingten Umkehraufgaben entstehen meist komplizierte mathematische Teilprobleme, die auch zur Erweiterung des mathematischen Grundlagenwissens führen. Insbesonders zeigen sie, in welcher Richtung der Ausbau der mathematischen Theorie vom Standpunkt der gesellschaftlichen Bedürfnisse empfehlenswert ist. Rein innermathematische Fragestellungen führen leider oft weit von den praktischen Bedürfnissen ab, auch wenn sie rein mathematisch von großem Wert sind.

Bis zu einem gewissen Grade gilt dies auch für die zweite Richtung, die Mikusinski gefunden hat. Die rein algebraische Behandlung der Analyse und Synthese linearer Netzwerke durch die vier Rechnungsarten Addition, Subtraktion, Multiplikation und Division, also durch die Bildung eines algebraischen „Körpers“ ist nicht nur im Bildbereich möglich, sondern auch im Zeitbereich, wie Mikusinski gezeigt hat [8]. Im Zeitbereich ist die Verknüpfung der Eingangszeitfunktion $y(t)$ mit der Gewichtsfunktion (Stoßreaktion) $h(t)$ des linearen System durch das Faltungsprodukt (Faltungsintegral) gegeben:

$$x(t) = \int_0^t y(\tau)\, h(t-\tau)\, d\tau = \text{Systemausgangsfunktion (Ausgangssignal)}$$

oder durch das DUHAMEL-Integral:

$$x(t) = \frac{d}{dt} \int_0^t y(\tau)\, g(t - \tau)\, d\tau$$

mit $g(t)$ als Übergangsfunktion oder Sprungreaktion des Systems.

Letzteres ist als Funktionen-Multiplikation oder als DUHAMEL-Produkt definiert [1].

In diskreter Gestalt für eine Abtastfolge gilt für das DUHAMEL-Produkt nach BERG [2]:

$$x_n = \sum_{\nu=0}^{n} y_\nu g_{n-\nu} - \sum_{\nu=0}^{n-1} y_\nu g_{n-1-\nu} = y o g$$

Das DUHAMEL-Produkt, das die Übergangsfunktion oder Sprungreaktion benutzt, hat gegenüber dem Faltungsprodukt den Vorteil, daß keine Dimensionsänderung gegenüber dem „Werteprodukt" auftritt. Letzteres ist in diskreter Form definiert durch die gewöhnlichen Produkte der Abtastwerte zu den einzelnen Abtastzeitpunkten:

$$a_n b_n = (a_0 b_0, a_1 b_1, a_2 b_2 \ldots).$$

Die hier definierten Produktbildungen stimmen bei mehreren Abtastwerten *nicht* überein. Es gibt, wie wir noch unten sehen werden, weitere unterschiedliche Möglichkeiten, Produkte von Signalen zu definieren.

Faßt man die n Abtastwerte als ein n-Tupel von Amplitudenwerten auf, so können wir das für lineare Netzwerke gültige Multiplikationsgesetz des Faltungs- oder des DUHAMEL-Integrals in der genannten diskreten Form als eine multiplikative Verknüpfung zweier n-stelliger Digitalsignale auffassen, für deren Amplitudenbereich noch keine Einschränkungen gemacht sind. Technisch ist dies der Fall der Abtastung von Meßvorgängen oder Regelvorgängen, der als Erweiterung der Laplacetransformation mit Hilfe der z-Transformation behandelt wird [7].

Die digitalen Abtastwerte werden meist als binäre Signalfolgen kodiert. Dies führt dann zur sogenannten Digitalfiltertechnik mit reiner Computerberechnung. (Bezüglich der Verknüpfung von binären Kodeworten vgl. unten Abschnitt 4 und 5.)

Die *Operatorenrechnung* wird dagegen meist für „analoge" (d.h. kontinuierliche verlaufende) Vorgäge angewendet.

Die „Operatorenrechnung" nach MIKUSINSKI und BERG setzt sich das Ziel, die Verknüpfung von Eingangs-Zeitfunktion und Systemfunktion (bei Linearität) im Zeitbereich zu beschreiben [8] und [2].

Dazu gibt es zwei *Verknüpfungen* oder Rechenoperationen:
a) die gewöhnliche Addition
b) die Faltungs- oder die Duhamel-Funktionsmultiplikation.

Die Theorie zeigt, daß sich damit eine Ringstruktur im Sinne der Algebra aufbauen läßt. Ferner wird gezeigt, daß dieser Ring ein Integritätsbereich ist, d.h. daß keine Nullteiler existieren. Damit ist der Aufbau eines Quotientenkörpers möglich. Dies bedeutet die Auflösbarkeit der Systemgleichung: Systemoperator mal Ausgangszeitfunktion = Eingangszeitfunktion als Differentialgleichung im kontinuierlichen Fall oder als Differenzengleichung im diskreten Fall der Abtastung. Die „Auflösung" bedeutet die Bestimmuug der Ausgangszeitfunktion.

Den Beweis, daß ein Integritätsbereich beim DUHAMEL-Produkt vorliegt, hat ursprünglich TITCHMARSH geliefert. Er ist von MIKUSINSKI vereinfacht worden.

Seitens der Informationstechnik hat man gegen dieses zweite Konzept der Operatorenrechnung Einwände. Die Funktionentransformation nach LAPLACE mit der Abbildung in einen algebraischen Bildbereich hat den großen Vorteil, daß sich ganz zwanglos ein Zusammenhang mit der Fouriertransformation ergibt, da die komplexe Frequenzebene mit der Variablen $p = \sigma + j\omega$ einfach die analytische Fortsetzung der Frequenzfunktionen $F(j\omega)$ liefert, die den Inhalt der klassischen Nachrichtentechnik bilden. *Nur Frequenzfunktionen sind meßbar.*

Bei der Operatorenrechnung nach MIKUSINSKI und BERG geht, wie diese selbst zugeben, der unmittelbare Zusammenhang mit der spektralen Darstellung und damit mit der Meßbarkeit verloren.

Dieser Nachteil ist zwar formal von W. A. DITKIN [10] beseitigt worden, der in einem Akademiebericht rein algebraisch gezeigt hat, daß man den bei MIKUSINSKI auftretenden Differentialoperator s (oder p) mit einer komplexen Veränderlichen identifizieren kann. Aber für den Ausbildungsprozeß an technischen Hochschulen ist dies unbrauchbar; der Satz kann nur zitiert, aber nicht verstanden werden; dagegen ergibt sich bei der ersten Methode ein pädagogisch klarer Weg auf der Basis der Funktionentheorie. Diese liefert außerdem noch mit der Residuenmethode eine universelle Methode zur Berechnung des Ausgangssignals, wichtig für die Synthese (Filterkonstruktion).

Die MIKUSINSKI-Methode hat trotz ihrer mathematischen Schönheit keine ähnlichen überzeugenden neuen Berechnungsbeispiele liefern können wie die LAPLACE-Transformation in der Filtertheorie. Bezüglich des Übergangs vom kontinuierlichen Fall zu den diskreten Abtastprozessen d.h. zur Digitaltechnik zeigen beide Methoden Einsatzmöglichkeiten (Lösung von Differenzengleichungen).

Zusammenfassend ist festzustellen:
Die Operatorenrechnungen auf der Basis der LAPLACE-Transformation oder unmittelbar im Zeitbereich nach MIKUSINSKI dienen zur Analyse und zur Synthese von linearen Netzwerken, die vor allem für den Zweck der Informationsübertragung und zur spektralen Signalselektion benötigt werden. Andererseits gibt es aber das umfangreiche Gebiet der Informationsverarbeitung (einschließlich der Signalwandlung), und hier spielen die nichtlinearen Systeme eine große Rolle. Dazu bedarf es anderer mathematischer Hilfsmittel.

Von vorrangiger Bedeutung sind hier die Systeme mit multiplikativen Verknüpfungen der Eingangssignale, kurz „Verbundsysteme" genannt. Hierfür werden verschiedene Verknüpfungsmöglichkeiten von der mathematischen Grundlagenforschung angeboten und haben bereits zu einer Neubelebung und Weiterentwicklung der technischen Systemtheorie beigetragen. Diese Systeme sollen nachfolgend als Verbundsysteme bezeichnet werden.

3. Theorie der Verbundsysteme

Der Grundgedanke der Verbundsysteme entspricht der Auffassung von J. MIKUSINSKI und von L. BERG, eine algebraische Struktur in Form eines Ringes zur Realisierung eines informationsverarbeitenden Systems aufzubauen und anzuwenden. Nachfolgend handelt es sich jedoch um andere Anwendungszwecke als die der spektralen Signalselektion. Eine dieser Anwendungen ist die Erhöhung der Störfestigkeit der Datenübertragung mit Binärsignalen. Die mathematische Grundlagenforschung hat hierzu vor Jahrzehnten wichtige, aber bisher unbenutzte Beiträge geliefert und zwar in Form der Strukturen der modernen Algebra, der Theorie der n-stelligen Binärsignale in Verbundsystemen.

Bei den Verbundsystemen lassen wir die black-box-Vorstellung der Kybernetik in Form eines einfach ausgesteuerten Systems mit input-output-Relationen fallen, dsgl. die Forderung, daß das System linear ist. *Linearität* heißt, daß mehrere Einwirkungen auf ein System *nicht* sich gegenseitig beeinflussen, sondern daß jede Einwirkung eine von den anderen Einwirkungen unabhängige Ausgangsreaktion hervorruft. Schließlich soll auch noch auf die Nullteilerfreiheit, d.h. auf die Existenz eines Integritätsbereiches, verzichtet werden.

Zur ersten Forderung kommt man, wenn man überlegt, daß bei einem linearen Netzwerk zwei Dinge zu unterscheiden sind: erstens die Verknüpfungsoperation in Form des Faltungs- oder in Form des DUHAMEL-Integrals und zweitens die Systemeigenschaft in Form der Stoß- oder der Sprungreaktion, die die lineare Signalwandlung durchführt.

Statt dessen kann man auch die mathematischen Verknüpfungsoperationen der Ringstruktur (Addition und Multiplikation) als eigene Systemaufgaben ansehen, die selbständig realisiert werden können (als Additions- oder als Multiplikationsschaltungen), während die benutzte Systemfunktion (als Stoß- oder als Sprungreaktion) eine Art eingespeicherte Information ist. Nur bei einem linearen Netzwerk geschieht beides zwangsläufig! Bei der Computersimulation (als „Digitalfilter") hat man dagegen die mathematische Operation und die Systemfunktion gesondert zu realisieren und im Rechenwerk zu speichern (Abb. 1b).

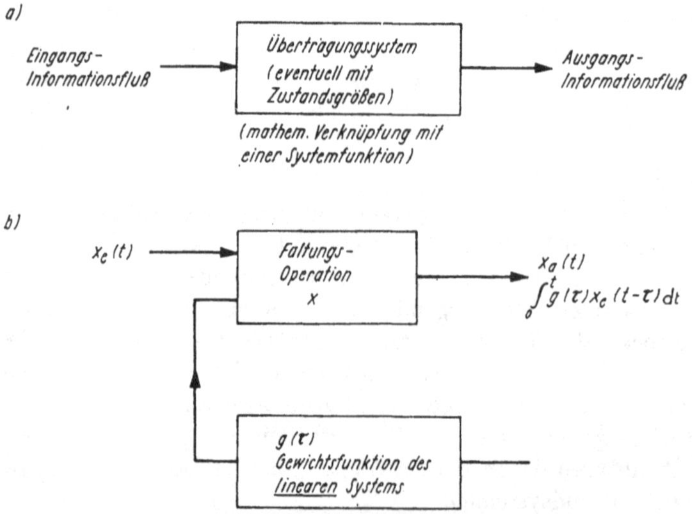

Abb. 1 Schema des black-box-Modells mit einfacher Aussteuerung
a) Übliche Darstellung für die Eingangs-Ausgangs-Relation
b) Darstellung als Verbundsystem bei linearen Verhalten

Im allgemeinen Falle geschieht die Signalwandlung nicht mit einem festen Programm (diese Rolle spielt die Systemfunktion), sondern mit einem variablen Programm, z. B. bei zeitvariablen Systemen. Noch allgemeiner betrachtet ergibt sich eine Signalwandlung durch die Verknüpfung von zwei von einander unabhängigen Informationsflüssen. Diese Überlegung führt zum Prinzipschema eines Verbund-Systems nach Abb. 2.

Ein Verbundsystem hat die Aufgabe, zwei Informationsflüsse zu einem neuen Informationsfluß oder zu einer neuen Information zu verarbeiten!

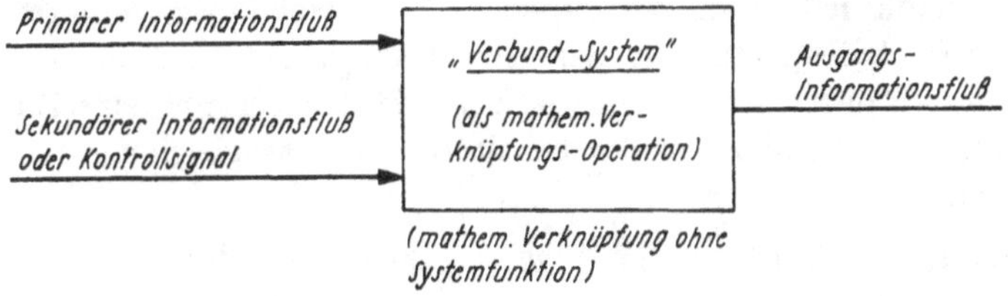

Abb. 2 Schema eines Verbund-Systems

— Nach Abb. 1b kann man dieser Auffassung auch das einfach ausgesteuerte, lineare System anpassen und es als Verbundsystem darstellen. Hierbei ist die mathematische Verknüpfung die Faltungsoperation im Zeitbereich oder das gewöhnliche algebraische Produkt im Spektralbereich. Die zweite Information, die verarbeitet wird, ist beim linearen System konstant und stellt im Zeitbereich die Gewichtsfunktion, im Spektralbereich den Frequenzgang dar. Diese Auffassung erleichtert die Einordnung der adaptiven Systeme und der Systeme mit Störgrößenaufschaltung nach Abb. 3 als Verallgemeinerung des linearen Systems. Derartige Problemstellungen fallen unter

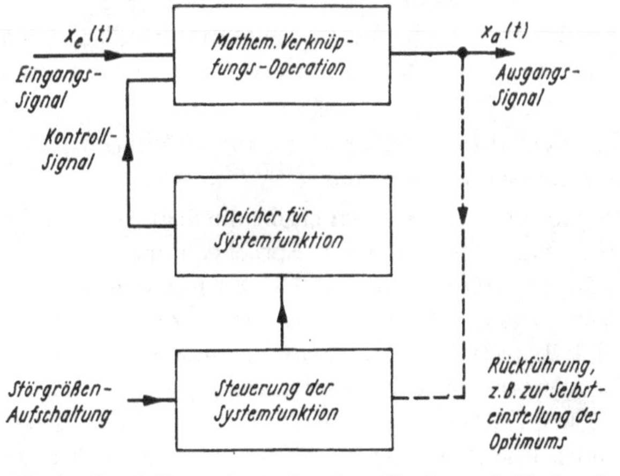

Abb. 3 Darstellung eines adaptiven Systems als Verbundsystem

das Teilgebiet der *Informationsverarbeitung* der Informationstechnik, während das lineare System vorzugsweise ein Modell für die *Informationsübertragung* ist (für Verstärker, Filter, Leitungen).

Merkwürdigerweise hat sich die Kybernetik immer wieder vorzugsweise am Modell nach Abb. 1 und nicht am Modell nach Abb. 2 orientiert. Selbst die Regelungstechnik hält noch weitgehend am einfach ausgesteuerten System nach Abb. 1 fest, nur mit der Abweichung, daß die Eingangs-Ausgangs-Relationen durch eine Eingangs-Zustands-Relation und eine Zustands-Ausgangs-Relation in Form der bekannten Matrizengleichung ausgedrückt werden.

$$\dot{\underline{u}}(t) = A\underline{u}(t) + B\underline{y}(t) \qquad \text{mit} \quad \underline{u}(t) = \text{Zustandsvektor}$$

$$\underline{y}(t) = \text{Eingangsvektor}$$

$$\underline{x}(t) = C\underline{u}(t) + D\underline{y}(t) \qquad \underline{x}(t) = \text{Ausgangsvektor}$$

mit A = Zustands-Matrix, B = Steuer-Matrix, C = Beobachtungsmatrix und D = Durchgangs-Matrix.

Sind die Matrizen A, B, C und D zeitvariabel, so wird mit den Zustandsgleichungen ein zeitvariantes System beschrieben (mathematisch ein „rheolineares“ System)

Dieser Ansatz erfaßt mehrere Einwirkungen mit dem Eingangsvektor $\underline{y}(t)$, schließt aber Wechselwirkungen zwischen ihnen aus und gerade dies ist für informationsverarbeitende Systeme charakteristisch.

Die bisher bekannten Verbundsysteme lassen sich als Systeme mit multiplikativer Verknüpfung zusammenfassen.

Abb. 4 zeigt eine Übersicht über die in der Informationstechnik für den Zweck der Signalwandlung und der Informationsverarbeitung bekannten Ausführungsformen.

Wir fassen hier die *„linearen“ Verbundsysteme* und die *nichtlinearen Verbundsysteme* als zwei Hauptklassen zusammen.

Eine weitere Aufgliederung für beide Klassen ergibt die analogen und die digitalen Verbundsysteme. Nach dem heutigen Sprachgebrauch sind die digitalen Systeme meist Binärsysteme, d.h. sie arbeiten mit zweiwertigen Eingangssignalen (= Binärsignalen). Das Ausgangssignal kann auch analog sein, wie z.B. beim Polaritätskorrelator nach Aufsummierung der Ausgangssignale eines logischen Bauelementes für die Äquivalenz.

Lineare Verbundsysteme sind Summierschaltungen. Bei den Binärsignalen wird die Addition modulo 2 (die Antivalenzschaltung oder das exklusive Oder) verwendet, und zwar entweder ohne Übertrag oder mit Übertragmittels einer zusätzlichen Und-Schaltung. Bei 1 Eingangssignal erfolgt eine Zwischenspeicherung für je 1 Takt. Die Verwendung der Addition modulo 2 bringt einen grundsätzlichen Unterschied, da bei zwei Verknüpfungen Ringstrukturen keine Integritätsbereiche zu sein brauchen. Es treten Nullteiler auf, deren technische Anwendung nachfolgend erklärt werden soll.

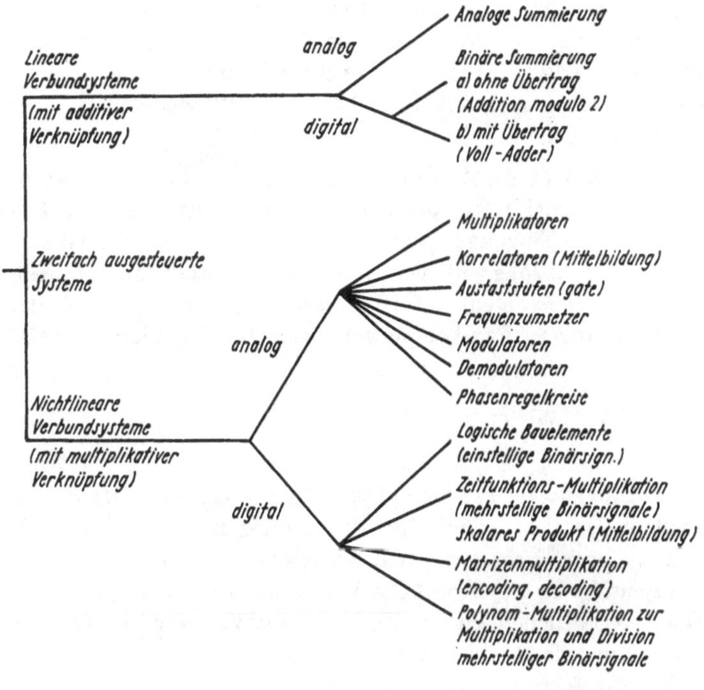

Abb. 4 Klassifizierung der Verbundsysteme für Signalwandlung und Informationsverarbeitung

Die *nichtlinearen Verbundsy steme* arbeiten mit einer multiplikativen Verknüpfung. Die Eingangssignale treten in eine echte Wechselwirkung.

Die analogen Ausführungsformen sind hinreichend aus der klassischen Nachrichtentechnik bekannt, arbeiten in der technischen Realisierung mit nichtlinearen, doppelt ausgesteuerten Kennlinien und dienen zur gewöhnlichen algebraischen Multiplikation, die im diskreten Fall bei Abtastsystemen Wertemultiplikation (Werteproduktbildung) genannt wird. Alle Fragen der Frequenzwandlung und Frequenzumsetzung der Sende- und Empfangstechnik werden mit Hilfe der Taylorentwicklung der Kennlinien bei schwacher Aussteuerung und mit Hilfe der Fourierreihenentwicklung bei starker Aussteuerung untersucht und bieten keine mathematischen Probleme mehr.

Dagegen ergeben sich erheliche mathematische Probleme bei der Untersuchung der Wandlung von regellosen Vorgängen durch nichtlineare Signalwandler [7].

Handelt es sich darum, ein nichtlineares System zu modellieren, das gleichzeitig trägheitsbehaftet ist, so wird meist diese zusätzliche Eigenschaft durch ein nachfolgendes, in Kette geschaltetes lineares Netzwerk, z. B. in Form eines Tiefpasses (= Integrationsglied) nachgebildet. Bei der Synthese verfährt man gleichermaßen.

Ein besonders wichtiger nichtlinearer Signalwandler dieser Art ist der *Korrelator,* der aus einem Multiplikator und einem nachgeschalteten Integrator besteht [6]. Ein Eingangssignal wird dabei durch ein Zeitverzögerungsglied auf Synchronismus mit dem 2. Signal eingestellt. Die Modellierung des Multiplikators geschieht mit Hilfe von Ringmodulatoren, elektronischen Ersatzschaltungen, Parabelapproximation bei der Viertelquadrat-Methode:

$$y_1 \cdot y_2 = \frac{(y_1 + y_2)^2 - (y_1 - y_2)^2}{4}$$

oder auch mit multiplikativ wirkenden physikalischen Effekten (Hallsonde).

Trotz der sehr vielseitigen technischen Anwendungen bietet die Korrelationstechnik in analoger Form wenig mathematische Probleme. Aber historisch betrachtet leitete sie die eigentliche Verbundsystemtechnik ein, wenn man unter einer „eigentlichen Verbundtechnik" die Verknüpfung von zwei a priori unbekannten Informationsflüssen versteht.

Wenden wir uns nun den digitalen Ausführungsformen der Verbundsysteme zu, speziell bei der Aussteuerung mit binären Signalen, die in der Rechenelektronik ausschließlich benutzt werden.

4. Verbundsysteme der Binärsignaltechnik

Wir haben den Fall einstelliger und den Fall mehrstelliger Binärsignale (= binärer Kodeworte) zu unterscheiden.

Verbundsysteme mit *einstelligen* Binärsignalen sind die inzwischen durch die Rechenelektronik bestens bekannt gewordenen *logischen Bauelemente,* die eine logische Verknüpfung realisieren mit insgesamt $2^{2^2} = 16$ Möglichkeiten. Davon haben nur wenige technische Bedeutung (z. B. Disjunktion.

Konjunktion, Äquivalenz, Antivalenz, Nand, Nor u.a.). Die technischen Entwicklungsprobleme liegen in einer raum- und energiesparenden Ausführungsform, z.B. als TTL-Schaltungen (Transistor-Transistor-Logik).

Die Einführung der Bouleschen Algebra in die Informationstechnik war ein bedeutender Beitrag der Mathematik. Vom mathematischen Standpunkt ist für den Ingenieur interessant, daß bei den Bouleschen Ringen (mit zwei Verknüpfungsoperationen, z.B. Disjunktion und Konjunktion) zwei äquivalente distributive Gesetze auftreten, die als Morgansche Formeln bekannt sind und eine Einordnung der logischen Verknüpfungen in die „Verbände" als algebraische Strukturen erfordern.

Die logischen Bauelemente gehören zur gleichen Klasse wie die Korrelatoren — als eigentliche Verbundsysteme — und wurden wie diese in den 50er Jahren in die Meß- und Steuertechnik eingeführt.

Die Verwandtschaft ist sehr eng; denn in binärer Ausführungsform arbeiten der Korrelator mit der Äquivalenzverknüpfung und unterscheidet sich dann von einem logischen Bauelement nur durch eine nachfolgende Additionsstufe für die binären Ausgangssignale, jedoch nicht als Addition modulo 2! Daher gibt der digitale Korrelator ein analoges Ausgangssignal mit unterschiedlichem Vorzeichen ab. Der Integrator (als Tiefpaß) wird durch eine Summierstufe ersetzt.

Erweiterung der logischen Bauelemente:

Gelegentlich wird über die Verwendung von dreiwertigen Signalen diskutiert (+, −, 0), eine in integrierter Technik noch akzeptable Variante. Hier erhöht sich die Anzahl der möglichen logischen Verknüpfungen auf die enorme Anzahl von $3^{3^3} = 19683$ dreiwertigen logischen Verknüpfungen anstelle von 16 zweiwertigen logischen Verknüpfungen.

Eine so große Anzahl von logischen Verknüpfungen läßt sich technisch kaum noch übersehen. Die Theorie ist weniger weit entwickelt als bei den zweiwertigen logischen Bauelementen [1].

Man geht daher bisher einen anderen Weg zum Ausbau der binären Verbundsysteme: der *Übergang zu mehrstelligen binären Kodeworten.*

Dies entspricht mathematisch der Verknüpfung von zwei n-Tupeln, die nur zweiwertige Ziffern (0 und L oder 0 und 1) enthalten.

Bei der Ringbildung wird die Addition modulo 2 benutzt, die keine Veränderung der Stellenzahl herbeiführt.

Die zweite Verknüpfung ist multiplikativ und berechtigt erst zur Bezeichnung „Verbundsystem".

Ihr Nutzen hat sich im Rahmen der „Digitalisierung" der Informationstechnik erwiesen. Wir gehen deshalb hierauf näher ein.

5. Einführung und Anwendung von Ringstrukturen mit Nullteiler in der Informationstechnik [9, 14]

Für die multiplikative Verknüpfung von mehrstelligen binären Kodeworten (= binären Signalfolgen) gibt es verschiedene Möglichkeiten, eine für den Elektrotechniker etwas überraschende, aber von der Informationstechnik bereits weitgehend in der Kodetheorie ausgenutzte Tatsache. Auf diesem Gebiet hat die moderne Algebra erhebliche Beiträge zur Erhöhung der Störfestigkeit der Datenübertragung geliefert und damit wieder einmal ihre Produktionswirksamkeit unter Beweis gestellt.

Wir haben folgende Multiplikationsarten für binäre n-Tupel zu unterscheiden:

a) *Multiplikation von Abtastfolgen („Werteprodukt"):*

Ist $(a_0, a_1, \ldots, a_{n-1})$ die binäre Ziffernfolge des n-stelligen Kodewortes und $(b_0, b_1, \ldots, b_{n-1})$ die eines zweiten, ebenfalls n-stelligen Kodewortes, so ergibt das „Zeitfunktionen-Produkt" oder „Werteprodukt" das resultierende Kodewort: $a_0b_0, a_1b_1, \ldots, a_{n-1}b_{n-1})$, wenn man die Und-Verknüpfung

	0	1
0	0	0
1	0	1

d.h. das gewöhnliche algebraische Produkt für die Multiplikation der Binärziffern *gleicher* Stellenzahl heranzieht. Hierbei bleibt die gesamte Stellenzahl von n erhalten.

Diese Definition wird beim Reed-Müller-Kode benutzt.

Man benutzt auch die zwei Werte $+1$ und -1, z.B. bei den Walshfunktionen.

Wir bleiben nachfolgend bei den Binärziffern 0 und 1. Der Mittelwert (als Summe modulo 2) der Stellen eines Zeitfunktionenproduktes $a \cdot b$ stellt das *skalare* Produkt dar, das hier einstellig ist und nur die Werte 0 und 1 annehmen kann. Es wird bei der nachfolgend diskutierten Produktbildung (b) benutzt.

b) *Anwendung der Matrizenmultiplikation:*

Einige technische Anwendungen erfordern Verbundsysteme, bei denen die Stellenzahl des Binärsignals *verändert* wird. Beispielsweise wird beim Hamming-Kode das Kontroll- oder Prüfwort mit k Stellen aus dem i-stelligen Informationswort durch die skalare Multiplikation dieses Informationswortes mit einer Einkodierungsmatrix von i Reihen und k Stellen erreicht (vgl. Abb. 5a).

5a) Einkodierungsmatrix für die Bildung der Prüfziffern y_i beim Hamming-Kode:

$$\underset{\text{Informationswort}}{(x_1, x_2, x_3, x_4)} \cdot \begin{bmatrix} 1 & 1 & 0 \\ 1 & 0 & 1 \\ 0 & 1 & 1 \\ 1 & 1 & 1 \end{bmatrix} M_{i,k} \quad \begin{array}{l} = (y_1, y_2, y_3) = \text{Prüfwort} \\ \\ = \text{Einkodierungsmatrix} \end{array}$$

Beispiel gilt für $k = 3$ Prüfziffern

$i = 4$ Informationsziffern

$n = i + k = 7$ Sendewort-Ziffern ($n = 2^k - 1$)

5b) Kontroll-Matrix für die Fehlerkontrolle und Fehlerkorrektur auf der Empfangsseite;

$$\underset{\text{Empfangswort}}{(y_1, y_2, x_1, y_3, x_2, x_3, x_4)} \cdot \begin{bmatrix} 1 & 0 & 0 \\ 0 & 1 & 0 \\ 1 & 1 & 0 \\ 0 & 0 & 1 \\ 1 & 0 & 1 \\ 0 & 1 & 1 \\ 1 & 1 & 1 \end{bmatrix} \begin{array}{l} = (0, 0, 0) \text{ bei Fehlerfreiheit} \\ \text{oder} \\ = \text{Binärziffer der Fehlerstelle} \end{array}$$

$M_{n,k}$ als Kontrollmatrix (Nullteiler)

Abb. 5 Anwendungen der Matrizenmultiplikation für die störfeste Datenübertragung

Man bildet also aus einem i-stelligen Informationswort ein $i + k = n$-stelliges Sendewort. Die Stellenzahl wird durch die eingefügten Prüfziffern vergrößert und damit ein zusätzlicher Aufwand für die Kodierung getrieben (= Kodierungsredundanz). Grundsätzlich bedeutet eine erhöhte Redundanz stets eine erhöhte Störfestigkeit.

Vergrößerung des Kodierungsaufwandes erfordert bei gleichem Informationsfluß eine größere Bandbreite. Größere Bandbreite ergibt aber ganz allgemein nach der Informationstheorie eine größere Störfestigkeit, wie es das klassische Beispiel der Frequenzmodulation praktiziert.

Bei k Prüfstellen beträgt die optimale Stellenzahl i des Informationswortes: $i = 2^k - k - 1$, da k Stellen 2^k Möglichkeiten zur Fehleranzeige ergeben. Das Nullwort (ohne eine 1) scheidet dabei aus. Dies ergibt die Stellenzahl des Sendewortes von $n = i + k = 2^k - 1$, eine für die Kodetheorie wichtige Beziehung zur Entdeckung und Korrektur *eines* Fehlers. Bezeichnet man die i Informationsziffern mit x_j ($j = 1, 2, \ldots, i$) und die Prüfziffern mit y_j ($j = 1, 2, \ldots, k$) so kann man aus den x_j für die y_j jeweils eine Prüfgleichung bilden. Dies ergibt folgendes Gleichungssystem:

$$\left.\begin{array}{rl} \text{I}): & y_1 + c_{11}x_1 + c_{21}x_2 + c_{31}x_3 + c_{41}x_4 = 0 \\ \text{II}): & y_2 + c_{12}x_1 + c_{22}x_2 + c_{32}x_3 + c_{42}x_4 = 0 \\ \text{III}): & y_3 + c_{13}x_1 + c_{23}x_2 + c_{33}x_3 + c_{43}x_4 = 0 \end{array}\right\} \begin{array}{l} \text{für } i = 4 \\ \quad\;\; k = 3 \\ \quad\;\; n = 7 \end{array}$$

In Matrizenschreibweise ergibt dies: $\underline{y} + \underline{x} \cdot M_{i,k} = 0$.

Hierbei bedeutet x das i-stellige Informationswort, y das k-stellige Prüfwort und $M_{i,k}$ ist die Einkodierungsmatrix mit i Zeilen und k Spalten:

$$M_{i,k} = \begin{pmatrix} c_{11} & c_{12} & c_{13} \\ c_{21} & c_{22} & c_{23} \\ c_{31} & c_{32} & c_{33} \\ c_{41} & c_{42} & c_{43} \end{pmatrix} \quad \text{mit } c_{ik} \in \{0,1\} \text{ als Binärzahlen.}$$

Laut Voraussetzung soll maximal nur 1 Fehler je Sendewort bei der Übertragung eintreten können.

Die binären Koeffizienten c_{ik} werden nun so gewählt, daß bei falscher Übertragung einer Ziffer x_j oder y_j des Sendewortes die Prüfgleichungen in der Folge (III, II, I) gerade die Stelle als Binärzahl angeben, die im Sendewort falsch ist und zu korrigieren ist. I, II und III bedeuten hierbei die Ergebnisse der Prüfgleichungen, die beim Auftreten eines Fehlers erhalten wird: 0 oder 1.

Man muß in diesem Falle die 1. Prüfziffer y_1 an die 1. Stelle des Sendewortes setzen (001), die 2. Prüfziffer y_2 an die 2. Stelle (010) und die 3. Prüfziffer an die 4. Stelle (100) setzen, da die Prüfziffern y_1, y_2 und y_3 in den Prüfgleichungen ja nur einmal vorkommen und nur bei ihnen *eine* Prüfgleichung eine 1 anstelle einer 0 ergeben kann. Die Anordnung der Prüfziffern im Sendewort lauten dann:

$$(y_1, y_2, x_1, y_3, x_2, x_3, x_4) = \underline{z}$$

Dann sind den Informationsziffern x_1, x_2 und x_3 die Stellenzahlen 011, 101 und 110 zugeordnet, sie müssen also in 2 Prüfgleichungen vorkommen und der Informationsziffer x_4, die an 7. Stelle steht, die Stellenzahl 111. Sie muß in allen drei Prüfgleichungen vorkommen. Hieraus ergeben sich die Koeffizienten c_{ik}.

Diese einfache Überlegung ergibt folgende Einkodierungsmatrix

$$M_{i,k} = \begin{pmatrix} 1 & 1 & 0 \\ 1 & 0 & 1 \\ 0 & 1 & 1 \\ 1 & 1 & 1 \end{pmatrix} \quad \text{für den diskutierten Fall } i = 4 \text{ und } k = 3.$$

Man beachte, daß hierbei die übliche Matrizenmultiplikation benutzt wird; jede Prüfziffer ergibt sich durch eine skalare Multiplikation des i-stelligen Informationswortes mit einer Spalte von $M_{i,k}$.

Die Anzahl der Spalten der Einkodierungs-Matrix bestimmt die Anzahl der Prüfziffern. Die Summation zur Bestimmung des skalaren Produktes erfolgt durch die Addition modulo 2 (Antivalenz) und die Multiplikation der Ziffern durch das algebraische Produkt, zugleich identisch mit der Und-Verknüpfung. Dies entspricht der Tatsache, daß die Binärzahlen nur mit diesen beiden Verknüpfungen einen Koeffizienten*körper* bilden.

Der bemerkenswerte Grundgedanke bei der Benutzung algebraischer Strukturen als Verbundsysteme in der Kodetheorie besteht darin, daß von der Möglichkeit der Existenz von *Null-Teilern* Gebrauch gemacht wird. Ein Nullteiler ist ein Faktor eines Produktes, der selbst nicht verschwindet und bei Multiplikation mit einem ebenfalls nicht verschwindenden Kodewort als Produkt ein Nullwort ergibt. Bei einem Nullwort sind alle Stellen gleich Null. Die Existenz von Nullteilern ist eine wichtige Eigenschaft der Matrizen-Multiplikation. Eine zweite, von der gewöhnlichen algebraischen Multiplikation abweichende Eigenschaft ist die Nicht-Kommutativität des Matrizenproduktes. Sie bedeutet physikalisch, daß Drehungen (als lineare Transformationen) in der Reihenfolge nicht vertauschbar sind, oder daß bei Kettenschaltungen von linearen Netzwerken die Reihenfolge zu beachten ist (außer bei Widerstandsanpassung oder bei zwischengeschalteten Trennverstärkern).

HAMMING schlug vor, das empfangene Sendewort $(\underline{z} + \underline{\varepsilon})$, mit einem einfachen Fehler ($\varepsilon = 00 \cdots 1 \cdots 00$) überlagert dadurch zu prüfen, daß es mit einer Kontrollmatrix multipliziert wird.
Bei Fehlerfreiheit gilt:

$$\text{Sendewort} \cdot \text{Kontrollmatrix} = \text{Nullwort}: \underline{z} \cdot M_{n,k} = \underline{O}_k$$

Das Sendewort wird wie das Nullwort als einzeilige Matrix (= Zeilenvektor) aufgefaßt. Das Nullwort ist k-stellig, entspricht der Anzahl der Prüfziffern.
Bei Auftreten eines Fehlers gilt:

$$(\underline{z} + \underline{\varepsilon}) \cdot M_{n,k} = \underline{\varepsilon} \cdot M_{n,k}$$

Ist die p-te Stelle des Sendewortes falsch, so hat das Fehlerwort $\underline{\varepsilon}$ zur Beschreibung dieses Tatbestandes (der a priori unbekannt ist) an der p-ten Stelle eine 1, sonst enthält es nur Nullen. Das Produkt ergibt die p-te Zeile der Kontrollmatrix.

Wenn man also in jede Zeile der Kontrollmatrix die zugehörige Binärstellenzahl einschreibt, ergibt das Produkt $\varepsilon \cdot M_{n,k}$ die Stellenzahl des Fehlers, der somit durch Umkehrung ($0 \rightarrow 1$, $1 \rightarrow 0$) korrigiert werden kann.

Die Kontrollmatrix $M_{n,k}$ mit n Reihen und k Spalten hat folgende Gestalt:

$$M_{n,k} = \begin{bmatrix} 100 \\ 010 \\ 110 \\ 001 \\ 101 \\ 011 \\ 111 \end{bmatrix}$$

Die Reihen stellen die Binärziffern der Stellenzahlen des Sendewortes dar.

Die Schreibweise erfolgt in umgekehrter Reihenfolge. Dies rührt von der bereits eingeführten Schreibweise der Einheitsmatrix her.

Die Kontrollmatrix entsteht aus der Einkodierungsmatrix durch Einfügung der Einheitsmatrix $\begin{pmatrix} 100 \\ 010 \\ 001 \end{pmatrix}$

für die drei Prüfziffern y_1, y_2 und y_3.

Zusammenfassend ist zu (b) festzustellen:

Von der Nullteilereigenschaft macht man beim HAMMING-Kode Gebrauch, indem man auf der Empfangsseite das Sendewort (mit Kontrollziffern) mit einer Kontrollmatrix oder Dekodierungsmatrix multipliziert. Das Produkt muß bei fehlerfreier Übertragung das Nullwort ergeben. Nach HAMMING kann man die Matrixkoeffizienten so wählen, daß bei 1 Übertragungsfehler das Produkt Sendewort mal Kontrollmatrix gerade die binäre Stellenzahl des Fehlers ergibt. Die Kontrollmatrix auf der Sendeseite ist für alle zugelassenen Sendeworte ein Nullteiler.

Die hier erforderliche Multiplikation von binärwertigen n-Tupeln läßt sich voll elektronisch mit Hilfe von Schieberegistern durchführen. Derartige Schaltungen wurden erstmalig von D. A. HUFFMAN angegeben [5]. Aber erst der Algebraiker PETERSON [9] erkannte die volle Bedeutung der modernen Algebra für die Kodierungstheorie, von der hier nur einfache Beispiele zitiert werden.

c) *Anwendung der Polynom-Multiplikation (Restklassen-Algebra)*

Eine dritte Form von Verbundsystemen läßt sich für binäre Kodeworte, allgemein für binäre Meßwerte, mittels der Polynom-Multiplikation konstruieren. Dies geschieht bei den zyklischen Kodes.

Auch die Polynom-Multiplikation läßt Nullteiler zu und wird zum gleichen Anwendungszweck benutzt, Kodierungsredundanz einzukodieren („encoding“) und auf der Empfangsseite mittels einer algebraischen Struktur-Operation entweder die Fehlerfreiheit der Übertragung zu kontrollieren oder auftretende Fehler zu korrigieren („decoding"). Bei größerem Aufwand an Kodierungsredundanz kann man auch mehrere Fehler erkennen und korrigieren.

Man faßt hierbei ein mehrstelliges binäres Signal (= Kodewort) als Polynom auf mit den Binärziffern als Koeffizienten, z.B. 1010 als Polynom $1 + 0 + X^2 + 0 = 1 + X^2$, d.h. mit ansteigenden Potenzen (abweichende Schreibweise der Binärzahlen!). Das „Informationswort" $i(X)$ wird mit einem den Kode kennzeichnenden Basiswort $g(x)$ als Kodierungsredundanz multipliziert und ergibt das Sendewort $s(X) = i(X) \cdot g(X)$ als Polynom oder umgeschrieben als Binärsignal. Die resultierende Stellenzahl wird auf $i + k = n$ Stellen begrenzt, indem die Nebenbedingung $X^n = 1$ eingeführt wird. Der höchste Grad des Polynoms als Sendewort ist $(n - 1)$. Die Multiplikation von Polynomen wird nach den Regeln der Algebra in bekannter Weise durchgeführt. Mathematisch bedeutet dieser heuristische Grundgedanke die technische Anwendung der Restklassen-Algebra der Polynome.

Die wichtige Nullteilereigenschaft erreicht man durch die Wahl des Basispolynoms $g(X)$ als Teiler des Modulpolynoms $X^n - 1 = 0$.

Der 2. Faktor ist das sogenannte Generatorpolynom: $h(X) = \dfrac{X^n - 1}{g(x)}$.

Wegen $g(X) \cdot h(X) = X^n - 1 = 0$ ist auch $i(X) \cdot g(X) \cdot h(X) = 0$. Das Sendewort $s(X) = i(X) \cdot g(X)$ muß bei richtiger Übertragung bei Multiplikation mit Generatorpolynom $h(X)$ das n-stellige Nullwort ergeben:

$$s(X) \cdot h(X) = 0.$$

Es müssen alle Koeffizienten des Produktes verschwinden! Die Fehlerstellen erkennt man aus dem verbleibendem Restpolynom!

Ist $\varepsilon(X)$ das Fehlerpolynom mit soviel 1-Stellen, wie Fehler vorhanden sind, dann empfängt man das verfälschte Sendewort:

$$\varepsilon(X) + s(X)$$

Bei Kontrolle ergibt: $(s(X) + \varepsilon(X)) \cdot h(X) = s(X) \cdot h(X) + \varepsilon(X) \cdot h(X) = 0 + \varepsilon(X) \cdot h(X)$. Da das Generatorpolynom $h(X)$ bekannt ist, kann man durch Division des Restpolynoms durch $h(X)$ das Fehlerpolynom und damit die aufgetretenen Fehler ermitteln. Diese Technik ist zu großer Vollkommenheit entwickelt. Die zugelassenen Sendeworte enthalten alle den Faktor $g(X)$ und bilden mathematisch ein *Hauptideal.*

Das Basispolynom $g(X)$ besitzt als Faktor von $(X^n - 1)$ die Wurzeln des Kreisgleichungspolynoms $X^n - 1)$, womit alle Lehrsätze der Gleichungstheorie (der „reinen Gleichungen" $X^n - 1 = 0$) ausgenutzt werden.

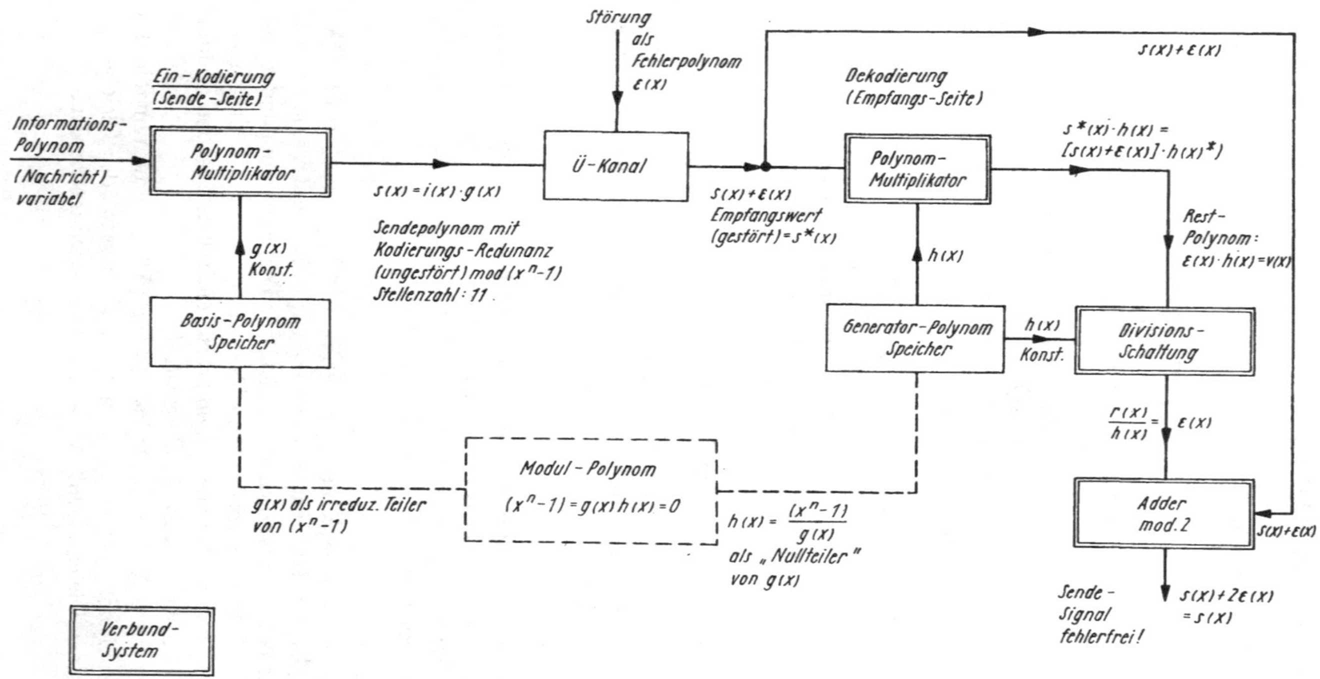

Abb. 6 Schema der Fehler-Korrektur mittels Polynom-Verbund-Systeme

Ausführungs-Beispiel:

Modulpolynom:

$m(X) = (X^7 - 1) = 0$

Basispolynom zur Einkodierung:

$g(X) = (1 + X + X^3)$

als irreduzibler Teiler von $m(X)$

Generatorpolynom zur Fehlerkontrolle:

$h(X) = (1 + X + X^2 + X^4)$

Zugelassene Sendeworte:

$= g(X) \cdot i(X)$ mit $a_0 + a_1X + a_2X^2 + a_3X^3)$

$s(X) = g(X) \cdot i(X) \cdot (a_0, a_1, a_2, a_3 \in \{0,1\}$

Es ist stets $s(X) \cdot (1 + X + X^2 + X^4) = \emptyset$ ($\emptyset$ = Nullpolynom).

Hierfür gilt das Schema von Abb. 6.

Es sei noch bemerkt, daß die Polynom-Multiplikation *ohne* Stellenbegrenzung durch ein Modulpolynom mit der diskreten Faltung engstens verwandt ist und die gleichen Koeffizienten liefert.

6. Zusammenfassung

Es wurde gezeigt, daß die zweifach ausgesteuerten, nichtlinearen Systeme, hier als Verbundsysteme bezeichnet, für die Informationstechnik analoger und digitaler Systeme eine wichtige Rolle spielen und eine Beschränkung der Lehre auf die linearen Netzwerke nicht vorgenommen werden darf. Die Binärsignaltechnik hat eine Fülle von praktischen Anwendungen der modernen Algebra mit sich gebracht, die bei ihrer anspruchsvollen Theorie zusätzliche Probleme für die Ingenieurausbildung anbietet. Sie wird aber zum Verständnis der Hierarchie der Verbundsysteme der Informationstechnik unbedingt benötigt. Eine offene Frage ist, ob die Möglichkeiten der modernen Algebra und der Verbandtheorie von der Informationstechnik schon ausgeschöpft sind, und wie weit sie geeignet sind, noch offene Probleme lösen zu helfen. Der Schwerpunkt liegt wohl in der Theorie der großen Systeme (large-scale-systems) und der zellularen Automaten mit vielen Ein- und Ausgangs- sowie Zustandsvariablen, für die es noch an Lösungsansätzen mangelt, trotz ihrer großen Bedeutung für die großen, voll automatisierten Anlagen und für die Planung und Leitung von Betrieben der Volkswirtschaft und des Verkehrs, der Energieversorgung, der medizinischen Diagnostik und anderen Bedarfsträgern.

Es ist zu erwarten, daß auch in Zukunft die Mathematik einen starken Einfluß auf die Weiterentwicklung der Informationstechnik ausüben wird und durch sie produktionswirksam wird, wie es bisher laufend der Fall war.

Literatur

[1] AUER, M., und J. DIETRICH: Mehrwertige Digitalschaltungen, Radio, Fernsehen, Elektronic 12 (1975) S. 389–392.

[2] BERG, L.: „Operatorenrechnung, I: Algebr. Methoden", Berlin 1972.

[3] DITKIN, V. A.: Zur Theorie der Operatorenrechnung (russ.), Dokl. Akad. Nauk UdSSR 116, 15–17.

[4] DOETSCH, G.: Handbuch der Laplacetransformation, Basel 1950.

[5] HUFFMAN, D. A.: The Synthesis Of Linear Sequential Coding Networks In Information Theory.

[6] LANGE, F. H.: Korrelations-Elektronik (2. Auflage), Berlin 1962.

[7] LANGE, F. H.: Signale und Systeme, Bd. I u. III (2. Auflage), Berlin 1975. 1973.

[8] MIKUSINSKI, J.: Operatorenrechnung, (aus dem Poln.), Berlin 1957.

[9] PETERSON, W. W.: Prüfbare und korrigierbare Codes, (aus d. Engl.), München und Wien 1967.

[10] PESCHEL, M.: Entwicklungsprobleme der Mathematik in der DDR, Spektrum Heft 4 (1975).

[11] SCHRÖTER, K.: Mathematik im System der Wissenschaften, Sitzungsberichte der AdW der DDR Heft 11 (1973).

[12] SCHRÖTER, K.: Paradigmatische mathematische Probleme, Spektrum Heft 7 (1975).

[13] WAGNER, K. W.: Operatorenrechnung und Laplacetransformation, Leipzig, 1950.

[14] WAERDEN, VAN DER: Algebra 1. Teil, 1966 Berlin-Heidelberg-New York.

Peter Fey

Digitale Signal- und Systemtheorie und fehlersichernde Kodierungen[1]

Auf der Grundlage eines Folgenrings und Elementen aus $GF(p^n)$ läßt sich eine Darstellung diskreter Signale und Systeme (linearer Automaten) im Zeitbereich und Operatorbereich (Polynome in D dem Verzögerungsoperator), verknüpft durch die D-Transformation, angeben [1]. Von den zahlreichen Anwendungen der nach dieser Theorie realisierten Systeme, der sogenannten Schieberegister [2], seien besonders die Kodierer und Dekodierer für zyklische Kodes hervorgehoben [3, 4]. Die Bestimmung optimaler Generatorpolynome zur Generierung der Kodes, die bei gegebenen gestörten realen Übertragungskanälen bei minimaler Redundanz eine vorgegebene Restfehlerwahrscheinlichkeit gewährleisten, ist zur Zeit nur durch Simulation auf EDVA möglich; Ansätze zur Berechnung der Längen-Gewichts-Verteilung der zyklischen Kodes reduzieren den Simulationsaufwand beträchtlich [5]. Offen ist noch eine Lösung des Wortsynchronisationsproblems, da zyklische Kodes zwar hervorragende Fehlersicherungseigenschaften besitzen, aber verschiebungsinvariant sind und somit Wortsynchronisationsverluste, die ebenso wie Übertragungsfehler auftreten, nicht feststellbar oder gar korrigierbar sind. Ansätze bieten sogenannte „kommafreie Kodes", deren Struktur allerdings noch unvollkommen geklärt ist, und die sowohl Übertragungs- als auch Synchronisationsfehler wahlweise festzustellen bzw. zu korrigieren gestatten.

Literatur

[1] Fey, P.: Digitale Systemtheorie. Teil I: Signaltheorie. Nachrichtentechnik 1973, H. 1, S. 2–5, Teil II: Systemtheorie. Nachrichtentechnik 1973, H. 2, S. 48–52.

[2] Fey, P.: Schieberegister und ihre Anwendungen. Nachrichtentechnik 1970, H. 5, S. 189–196, H. 6, S. 227–230, H. 7, S. 271–287.

1 Vortrag vor der Klasse Mathematik und der Arbeitsgruppe Mathematische Kybernetik am 20. 3. 1975.

[3] PETERSON, W. W., und E. J. WELDON: Error-Correcting Codes (second Edition) MIT-Press Cambridge, Massachusetts 1972.

[4] BERLEKAMP, E. R.: Algebraic Coding Theory, Mc Graw Hill New York 1968.

[5] GÖLLER, J.: Über die Längen-Gewichtsverteilung der Elemente eines zyklischen Codes. Nachrichtentechnik 1972, H. 11, S. 392—394, 1973 H. 1, S. 31—34 und H. 2, S. 57—63.

Olaf Bunke

Grundprobleme der Statistik[1]

Im Vortrag wurden einleitend die Hauptaufgaben der Mathematischen Statistik dargestellt, wobei insbesondere die enge Verflechtung mit den Fachwissenschaften und der typische Prozeß der sich ständig abwechselnden mathematischen und fachwissenschaftlichen Überlegungen, Experimente und wissenschaftliche Hypothesenbildung herausgearbeitet wurden.

Der weitere Vortrag befaßte sich hauptsächlich mit den mathematischen Abschnitten in diesem Prozeß und es wurde zunächst der Prozeß der Anwendung der mathematischen Methoden systematisiert und die Zuordnung der einzelnen Teilaufgaben wie Modellbildung, Versuchsplanung, Datenauswertung, Inferenz und Entscheidungsfindung zu Teilgebieten der statistischen Theorie dargestellt. Dabei wurden besonders diejenigen Gebiete herausgestellt, die sich weitgehend rein mathematisch auf axiomatischer Grundlage aufbauen lassen, und hier eigene Ergebnisse eingeordnet.

In diesem Zusammenhang wurden als einige noch offene fundamentale Probleme genannt:

1. Explizite Fehlerabschätzungen in der asymptotischen Statistik,
2. Allgemeine Theorie robuster statistischer Analyse-Verfahren,
3. Ausnutzung realistischer zusätzlicher Informationen über Verteilungen und Parameter,
4. Bayessche Theorie für verteilungsfreie Modelle

Anschließend wurde das Problem der statistischen Modellbildung untersucht, verschiedene allgemeine (Verteilungs-, funktionelle-, Bayessche) Modelltypen formuliert und die damit verbundenen Schwierigkeiten dargestellt. Es wurde erläutert, wie die bekannte Paradoxie von Stone, welche bisher als Widerlegung der Fragerschen strukturellen Inferenz galt, aufgelöst wer-

1 Vortrag vor der Klasse Mathematik am 15. 5. 1975.

den kann. Neben einer Charakterisierung der bisherigen statistischen Verfahren der Modellbildung wurde besonders das Dilemma einer mathematischen Modellierung des Problems der Modellbildung diskutiert.

Die Probleme der Versuchsplanung wurden anhand des einfachen Beispiels einer univariaten linearen bzw. quadratischen Regression veranschaulicht und das offene Problem einer robusten Versuchsplanung beschrieben.

Der letzte Teil des Vortrages widmete sich dem Problem der statistischen Inferenz, wobei die Notwendigkeit eines axiomatischen Aufbaus vorangestellt wurde und hiermit im Zusammenhang eine Reihe von Ergebnissen vorgestellt wurde, die kürzlich gemeinsam mit H. Bunke erzielt wurden.

Es wurden die Begriffe der Beobachtungsinformation, der partiell suffizienten Funktion für Verteilungs-, funktionelle- und Bayessche Modelle eingeführt, so daß die üblichen Suffizienzbegriffe eingeordnet sind und dann als Hauptergebnis das Invarianzprinzip als Folgerung aus dem Suffizienzprinzip abgeleitet, falls ein Testproblem für ein funktionelles Modell vorliegt, das gegenüber einer Gruppe von bimeßbaren Transformationen invariant bleibt. Hierzu wird bewiesen, daß jede maximalinvariante Funktion partiell für die Hypothesen suffizient ist, so daß eine Rechtfertigung für die Beschränkung auf die Klasse der invarianten Tests gegeben ist.

Helmut Koch

Die irreduziblen Darstellungen von Primzahlgrad der Galoisschen Gruppe eines lokalen Körpers[1]

Sei k ein lokaler Körper, d.h. eine endliche Erweiterung des Körpers $\mathbb{Q}_p$ der rationalen p-adischen Zahlen oder eine endliche Erweiterung des Potenzreihenkörpers $\mathbb{F}_p((x))$ über dem Körper $\mathbb{F}_p$ mit p Elementen. $\bar{k}$ sei die separable Abschließung von k und $\mathfrak{G}_k$ die GALOISsche Gruppe von $\bar{k}/k$. *André Weil* [6] hat einen Überblick über die irreduziblen Darstellungen von $\mathfrak{G}_k$ vom Grade 2 gegeben. In der vorliegenden Arbeit wird der Fall der Darstellungen von Primzahlgrad l behandelt. Wir setzen $l \neq 2$ voraus. Bezüglich des mathematischen Hintergrunds dieser Fragestellung verweisen wir auf [6].

Da wir nur stetige Darstellungen ϱ betrachten, ist der Kern von ϱ offen. Die Betrachtung der Darstellungen ϱ von $\mathfrak{G}_k$ ist daher gleichbedeutend mit der Betrachtung der treuen Darstellungen der Galoisschen Gruppen $\mathfrak{G}$ von endlichen normalen Erweiterungen von k. Wir bezeichnen nun die Faktorgruppe von $\mathfrak{G}_k$ nach Ker ϱ mit $\mathfrak{G}_\varrho$ und die Verzweigungsgruppe von $\mathfrak{G}_\varrho$ mit $\mathfrak{W}_\varrho$. Die durch ϱ induzierte Darstellung von $\mathfrak{G}_\varrho$ wird ebenfalls mit ϱ bezeichnet. Der zu Ker ϱ gehörige Teilkörper K von $\bar{k}$ heißt Kernkörper von ϱ. Den zu $\mathfrak{W}_\varrho$ gehörigen Teilkörper T von K bezeichnen wir als zahmen Kernkörper. Wir setzen $\mathfrak{G}_\varrho/\mathfrak{W}_\varrho = \mathfrak{H}_\varrho$.

Die notwendigen Sätze aus der Darstellungstheorie endlicher Gruppen entnehmen wir [4] und [5]. E_n bezeichnet die n-reihige Einheitsmatrix. Die Äquivalenzklasse der Darstellung ϱ sei (ϱ).

1. Wir stellen zunächst eine Reihe von bekannten Definitionen und Sätzen über Gruppenerweiterungen und Darstellungen zusammen. Sei

$$1 \to \mathfrak{A} \to \mathfrak{B} \to \mathfrak{C} \to 1 \qquad (1)$$

eine Gruppenerweiterung mit abelschem Kern $\mathfrak{A}$. Ein Automorphismus von (1) ist ein Automorphismus von $\mathfrak{B}$, der auf $\mathfrak{A}$ und $\mathfrak{C}$ den identischen Automorphismus induziert.

1 Vortrag vor der Klasse Mathematik am 18. 9. 1975.

Sei $a \in \mathfrak{A}$. Durch

$$b \to aba^{-1}, \; b \in \mathfrak{B},$$

wird ein Automorphismus von (1) definiert. Ein solcher Automorphismus wird als innerer Automorphismus bezeichnet. Die inneren Automorphismen bilden eine Untergruppe J der Gruppe A der Automorphismen von (1).

Satz 1. A/J ist kanonisch isomorph zu H^1 $(\mathfrak{C}, \mathfrak{A})$.

Sei $\varrho : G \to Gl_n(\mathbb{C})$ eine Darstellung, V der zugehörige Darstellungsmodul, und V_0 ein Teilraum von V, der bei der Untergruppe H von G invariant ist. ϱ heißt durch V_0 induziert, wenn V isomorph zu $V_0 \otimes_{\mathbb{C}[H]} \mathbb{C}[G]$ ist. ϱ heißt monomial, wenn ϱ durch eine eindimensionale Darstellung induziert ist.

Eine Matrix A aus $Gl_n(\mathbb{C})$ heißt monomial, wenn A Produkt einer Diagonal- und einer Permutationsmatrix ist. Die Darstellung, die zur Gruppe M_n der monomialen Matrizen vom Rang n gehört, ist monomial.

Satz 2. Sei k ein lokaler Körper der Restklassencharakteristik p und

$$\varrho : \mathfrak{G}_k \to Gl_l(\mathbb{C})$$

eine irreduzible Darstellung mit $l \neq p$. Dann ist ϱ monomial.

Beweis. Wenn $\mathfrak{G}_\varrho = \mathfrak{W}_\varrho$ gilt, ist $\mathfrak{G}_\varrho$ eine p-Gruppe und daher jede Darstellung von $\mathfrak{G}_\varrho$ monomial.

Sei $\mathfrak{G}_\varrho \neq \mathfrak{W}_\varrho$. Dann ist (siehe [4], Theorem 16) ϱ monomial, oder die Beschränkung ϱ' von ϱ auf $\mathfrak{W}_\varrho$ zerfällt in die direkte Summe gleicher irreduzibler Darstellungen. Wegen $l \neq p$ sind diese Darstellungen notwendigerweise eindimensional. Da ϱ als Darstellung von G_ϱ treu ist, folgt, daß $\mathfrak{W}_\varrho$ zyklisch und daher $\mathfrak{G}_\varrho$ überauflösbar ist, d.h., ϱ ist monomial (siehe [4], Theorem 20).

Jede Darstellung von $\mathfrak{G}_k$ in $Gl_n(\mathbb{C})$ erhält man durch Liften einer Darstellung in der projektiven linearen Gruppe $PL_n(\mathbb{C})$:
Die exakte Sequenz

$$1 \to \mathbb{C} \to GL_n(\mathbb{C}) \underset{h}{\to} PL_n(\mathbb{C}) \to 1$$

induziert die exakte Sequenz

$$1 \to \mathrm{Hom}(\mathfrak{G}_k, \mathbb{C}^*) \to \mathrm{Hom}(\mathfrak{G}_k, GL_n(\mathbb{C})) \underset{h^*}{\to} \mathrm{Hom}(\mathfrak{G}_k, PL_n(\mathbb{C}))$$
$$\to H^2\,(\mathfrak{G}_k, \mathbb{C}^*),$$

wobei

$$H^2(\mathfrak{G}_k, \mathbb{C}^*) \cong H^3(\mathfrak{G}_k, \mathbb{Z}) \cong \{0\}$$

ist.

Zwei Darstellungen ϱ und ϱ' von $\mathfrak{G}_k$ in $GL_n(\mathbb{C})$, die bei h^* auf die gleiche Darstellung in $PL_n(\mathbb{C})$ abgebildet werden, unterscheiden sich um einen Charakter $\chi \in \mathrm{Hom}(\mathfrak{G}_k. \mathbb{C}^*)$:

$$\varrho'(g) = \varrho(g) \cdot \chi(g)\, E_n \text{ für } g \in \mathfrak{G}_k.$$

Zwei Darstellungen ϱ und ϱ' von $\mathfrak{G}_k$ heißen projektiv äquivalent, wenn es ein $X \in GL_n(\mathbb{C})$ und ein $\chi \in \mathrm{Hom}(\mathfrak{G}_k, \mathbb{C})$ mit

$$\varrho'(\varrho) = X\varrho(g)\, X^{-1} \cdot \chi(g)\, E_n \text{ für } g \in \mathfrak{G}_k$$

gibt, d.h., wenn die entsprechenden Darstellungen in $PL_n(\mathbb{C})$ äquivalent sind.

Mit ϱ ist auch ϱ' monomial bzw. irreduzibel. Wir nennen die zugehörige projektive Darstellung ebenfalls monomial bzw. reduzibel.

Im folgenden interessieren wir uns für die irreduziblen, nichtmonomialen Darstellungen von $\mathfrak{G}_k$. Wir können uns also nach Satz 2 auf den Fall $l = p$ beschränken.

2. Sei jetzt ϱ eine irreduzible nichtmonomiale Darstellung von $\mathfrak{G}_k$ in PL_p ($\mathbb{C}$). Wir betrachten wieder $\varrho' = \varrho|\mathfrak{W}_\varrho$.

Sei S_p die Gruppe aller Matrizen, die sich als Produkt von Diagonalmatrizen von p-Potenzordnung und Permutationsmatrizen der Ordnung p in GL_p ($\mathbb{C}$) darstellen lassen und sei PS_p das Bild von S_p in $PL_p(\mathbb{C})$. Das Bild von ϱ' ist bis auf Äquivalonz in PS_p enthalten (siehe [5], § 25, Theorem 2).

Wir betrachten das Zentrum von Im ϱ'. Analog zum Beweis von Satz 2 zeigt man, daß ϱ' irreduzibel ist. Im ϱ' besteht daher nicht nur aus Klassen von Diagonalmatrizen. Bei der Transformation einer Diagonalmatrix A mit einer Permutationsmatrix aus S_p werden die Elemente der Hauptdiagonale zyklisch permutiert. $\bar{A}$ liegt daher genau dann im Zentrum von Im ϱ', wenn $\bar{A}$ die Form

$$\bar{A} = \begin{pmatrix} 1 & & & 0 \\ & \xi & & \\ & & \ddots & \\ 0 & & & \xi^{p-1} \end{pmatrix} \mathbb{C}^* \tag{2}$$

hat, wobei ξ eine p-te Einheitswurzel ist.

Wenn Im ϱ' nichtabelsch ist, so besteht das Zentrum C von Im ϱ' genau aus den Matrizenklassen der Form (2). Da C Normalteiler von Im ϱ ist, liegt Im ϱ im Normalisator von C bezüglich $PL_p(\mathbb{C})$. Der Normalisator von C ist

$M_p/\mathbb{C}^*E_p$. Daher ist ϱ monomial. Da wir ϱ als nichtmonomial voraussetzen, folgt, daß Im ϱ' abelsch und äquivalent zur Gruppe vom Typus (p, p) ist, die von den Matrizenklassen

$$\bar{A} = \begin{pmatrix} 1 & & \\ & \varepsilon \ddots & 0 \\ 0 & & \varepsilon^{p-1} \end{pmatrix} \mathbb{C}^*, \quad \bar{B} = \begin{pmatrix} 0 & E_{p-1} \\ 1 & 0 \end{pmatrix} \mathbb{C}^* \tag{3}$$

erzeugt wird, wobei ε eine primitive p-te Einheitswurzel ist.

Wir formulieren unser Ergebnis in dem folgenden

Satz 3. Sei ϱ eine irreduzible nichtmonomiale Darstellung von $\mathfrak{G}_k$ in $Pl_p(\mathbb{C})$ und ϱ' die Beschränkung von ϱ auf die Verzweigungsgruppe von $\mathfrak{G}_k$. Dann ist ϱ' äquivalent zur abelschen Gruppe vom Typ (p, p), die von den Matrizenklassen $\bar{A}$ und $\bar{B}$ erzeugt wird.

3. Sei $\mathfrak{A} = \operatorname{Im} \varrho'$ und $\mathfrak{B}$ der Normalisator von $\mathfrak{A}$ in $PL_p(\mathbb{C})$. In $\mathfrak{A}$ wird eine nichtausgeartete symplektische Bilinearform definiert durch die folgende Festsetzung: Seien $\bar{C}, \bar{D}$ aus $\mathfrak{A}$ mit den Urbildern C, D in $GL_p(\mathbb{C})$. Dann ist

$$(\bar{C}, \bar{D}) = C^{-1}D^{-1}CD \tag{4}$$

aus $\mathbb{C}^* \cdot E_p$ und unabhängig von der Wahl der Urbilder. $\mathfrak{B}/\mathfrak{A}$ operiert treu auf $\mathfrak{A}$ und läßt die Bilinearform (4) fest. Sei $SL(\mathfrak{A})$ die Untergruppe von $GL(\mathfrak{A})$, die aus allen Elementen besteht, die (4) festlassen. Die Fixierung der Erzeugenden $\bar{A}$, $\bar{B}$ von $\mathfrak{A}$ legt einen Isomorphismus von $SL(\mathfrak{A})$ mit $SL_2(\mathbb{F}_p)$ fest. Im folgenden identifizieren wir, wenn kein Mißverständnis zu befürchten ist, diese Gruppen. Wir haben also eine Injektion Ψ von $\mathfrak{B}/\mathfrak{A}$ in $SL_2(\mathbb{F}_p)$. Diese ist sogar surjektiv (siehe [5], § 20).

Jede Darstellung ϱ von $\mathfrak{G}_k$, die ϱ' auf $\mathfrak{A}$ abbildet, induziert also einen Homomorphismus

$$\bar{\varrho}: \mathfrak{G}_k \to \mathfrak{B} \to \mathfrak{B}/\mathfrak{A} \to SL_2(\mathbb{F}_p)$$

mit zahmverzweigtem Kernkörper $K = T$. $\bar{\varrho}$ heiße s-reduzibel, wenn sich Im $\bar{\varrho}$ durch eine Matrix aus $SL_2(\mathbb{F}_p)$ auf Dreiecksform transformieren läßt. ϱ ist genau dann induziert, wenn $\bar{\varrho}$ s-reduzibel ist (siehe [5], § 20, Theorem 18).

Zwei Darstellungen $\bar{\varrho}_1, \bar{\varrho}_2$ von G_k in $SL_2(\mathbb{F}_p)$ heißen s-äquivalent, wenn es ein $a \in SL_2(\mathbb{F}_p)$ mit

$$\bar{\varrho}_2(g) = a\bar{\varrho}_1(g)\, a^{-1} \text{ für } g \in G_k$$

gibt. Wenn die Darstellungen ϱ_1, ϱ_2 von G_k in $PL_p(\mathbb{C})$ äquivalent sind, sind die zugeordneten Darstellungen $\bar{\varrho}_1, \bar{\varrho}_2$ s-äquivalent.

Bemerkung: Beachte, daß man bei der Zuordnung $\varrho \to \bar{\varrho}$ stets von solchen Darstellungen ϱ ausgehen muß, die die Verzweigungsgruppe auf $\mathfrak{A}$ abbilden.

4. Nach 3. ist jeder Äquivalenzklasse von irreduziblen nichtmonomialen Darstellungen ϱ von G_k in $PL_p(\mathbb{C})$ eine s-Äquivalenzklasse von s-irreduziblen Darstellungen von $G(T/k)$ in $SL(\mathfrak{A})$ zugeordnet. Diese Abbildung bezeichnen wir mit Φ. Hierzu gilt der folgende

Satz 4. Sei $\mathfrak{D}(T)$ die Gesamtheit der Äquivalenzklassen irreduzibler, nichtmonomialer Darstellungen von G_k in $PL_p(\mathbb{C})$ mit festem zahmen Kernkörper T. Sei $\mathfrak{E}(T)$ die Gesamtheit der s-Äquivalenzklassen s-irreduzibler treuer Darstellungen von $G(T/k)$ in $SL(\mathfrak{A})$. Dann ist die Abbildung Φ: $\mathfrak{D}(T) \to \mathfrak{E}(T)$ surjektiv.

Sei $\bar{\varrho}: G(T/k) \to SL(\mathfrak{A})$ eine s-irreduzible treue Darstellung und sei C_1 bzw. C_0 der Zentralisator von $\operatorname{Im} \bar{\varrho}$ in $GL(\mathfrak{A})$ (bzw. $SL(\mathfrak{A})$). Dann entsprechen die Äquivalenzklassen $\chi \in \Phi^{-1}(\bar{\varrho})$ mit festem Kernkörper $K \supset T$ eineindeutig den Elementen von C_1/C_0.

Beweis. Sei $\bar{\varrho}$ eine s-irreduzible treue Darstellung von $G(T/k)$ in $SL(\mathfrak{A})$. Wir benutzen die folgenden beiden Hilfssätze, deren Beweis weiter unten geführt wird.

Hilfssatz 1. Es gibt eine über k normale Erweiterung K/T, und einen Isomorphismus $\varrho': G(K/T) \to \mathfrak{A}$ mit

$$\bar{\varrho}(\bar{g})\bar{\varrho}'(v) = \varrho'(gvg^{-1}) \text{ für } g \in G(K/k),\ v \in G(K/T).$$

Hilfssatz 2. Der Grad von T/k ist prim zu p.

Sei $\mathfrak{G}$ das Urbild von $\operatorname{Im} \bar{\varrho}$ bei der Projektion

$$\mathfrak{B} \to \mathfrak{B}/\mathfrak{A} \to SL(\mathfrak{A}).$$

Nach Hilfssatz 2 ist $H^2(G(T/k), G(K/T)) = \{0\}$.

Daher zerfallen die Gruppenerweiterungen

$$G(K/T) \to G(K/k) \to G(T/k)$$

und

$$\mathfrak{A} \to \mathfrak{G} \to \operatorname{Im} \bar{\varrho}.$$

Entsprechend Hilfssatz 1 gibt es daher einen Isomorphismus $\varrho: G(K/k) \to \mathfrak{G}$, der das Diagramm

$$\begin{array}{ccccc} G(K/T) & \to & G(K/k) & \to & G(T/k) \\ \downarrow{\scriptstyle \varrho'} & & \downarrow{\scriptstyle \varrho} & & \downarrow{\scriptstyle \bar{\varrho}} \\ \mathfrak{A} & \longrightarrow & \mathfrak{G} & \to & \operatorname{Im} \bar{\varrho} \end{array}$$

kommutativ macht. ϱ ist eine Darstellung von G_k in $PL_p(\mathbb{C})$ mit $\Phi((\varrho)) = (\bar{\varrho})$.

Wegen $H^1(G(T/k), G(K/T)) = \{0\}$ und Satz 1 ist ϱ bei gegebenem ϱ' und $\bar{\varrho}$ bis auf Äquivalenz eindeutig bestimmt. Zum Beweis des zweiten Teils von Satz 4 haben wir daher nur noch bei festem ϱ die verschiedenen Abbildungen zu betrachten, die den Bedingungen von Hilfssatz 1 genügen. Diese entsprechen den Modul-Automorphismen von $\mathfrak{A}$ als $\operatorname{Im}\bar{\varrho}$-Modul, d.h. den Elementen von C_1 modulo den Automorphismen von $\mathfrak{A}$, die durch Konjugation mit Elementen aus $\mathfrak{B}/\mathfrak{A} \cong SL(\mathfrak{A})$ gegeben sind, d.h. modulo C_0 q.e.d.

Um einen Überblick über die irreduziblen nichtmonomialen Darstellungen $\varrho: G_k \to PL_p(\mathbb{C})$ zu erhalten, hat man nach Satz 4 folgende Aufgaben zu lösen:

1. Bestimmung aller s-irreduziblen Darstellungen $\bar{\varrho}$ von $G(T/k)$ in $SL_2(\mathbb{F}_p)$, wobei T/k zahmverzweigt ist, sowie die zugehörigen Gruppen Z_0 und Z_1.

2. Zu gegebenem $\bar{\varrho}$ sind die Erweiterungen K/T zu bestimmen, die Kernkörper von Darstellungen ϱ mit $\Phi((\varrho)) = (\bar{\varrho})$ sind.

Diese Aufgaben werden in den folgenden Abschnitten gelöst.

5. Wir beginnen mit der Aufstellung der Darstellungen $\bar{\varrho}$ von $G = G(T/k)$ in $SL_2(\mathbb{F}_p)$ für eine endliche zahmverzweigte Erweiterung T/k mit Verzweigungsexponent $e \not\equiv 0 \pmod p$ und Trägheitsgrad f.

Wir verwenden folgende Bezeichnungen:

$q = p^m$ ist die Anzahl der Elemente des Restklassenkörpers von k, π ist ein fixiertes Primelement von k und ζ eine fixierte primitive $q^f - 1$-te Einheitswurzel.

T läßt sich in der Form

$$T = k\left(\zeta, \sqrt[e]{\pi\zeta^\nu}\right)$$

erzeugen, wobei die Bedingungen

$$e \mid (q^f - 1) \text{ und } e \mid \nu(q-1)$$

erfüllt sein müssen. Es gilt:

T/k ist abelsch genau dann, wenn $e \mid (q-1)$

T/k ist zyklisch genau dann, wenn $e \mid (q-1)$ und $(\nu, l, f) = 1$.

Die zugehörige Galoissche Gruppe $G = G(T/k)$ wird von zwei Elementen τ, σ erzeugt, wobei τ Erzeugende der Trägheitsgruppe von T/k und σ Fortsetzung des Frobenius-Automorphismus der unverzweigten Teilerweiterung von T/k auf T ist. G ist durch die Relationen

$$\tau^e = 1, \sigma^f = \tau^\nu, \sigma\tau\sigma^{-1} = \tau^q$$

gegeben.

6. Wir bestimmen zunächst die zyklischen Gruppen in $SL_2(\mathbb{F}_p)$, sowie für den Fall, daß diese zu p prime Ordnung haben, die zugehörigen Zentralisatoren und Normalisatoren in $GL_2(\mathbb{F}_p)$ und $SL_2(\mathbb{F}_p)$. Es gilt der folgende

Satz 5. *$SL_2(\mathbb{F}_p)$ enthält $-E_2$ als einziges Element der Ordnung 2. Eine zyklische Gruppe Z, deren Ordnung durch p teilbar ist, hat die Ordnung p oder $2p$. Im ersten Fall ist Z konjugiert zu*

$$\left\{\begin{pmatrix}1 & \alpha\\ 0 & 1\end{pmatrix}\middle|\, \alpha \in \mathbb{F}_p\right\}.$$

Sei Z eine zyklische Grüppe, deren Ordnung nicht durch p teilbar ist. Dann ist die Ordnung von Z ein Teiler von $p - 1$ oder $p + 1$. Zu jedem Teiler t von $p - 1$ oder $p + 1$ gibt es bis auf Konjugierte in $SL_2(\mathbb{F}_p)$ genau eine zyklische Gruppe der Ordnung t.

Sei t ein Teiler von $p - 1$ und $t > 2$. Dann ist Z konjugiert zu

$$Z = \left\{\begin{pmatrix}\varepsilon & 0\\ 0 & \varepsilon^{-1}\end{pmatrix}\middle|\, \varepsilon \text{ } t\text{-te Einheitswurzel}\right\}$$

Der Zentralisator bzw. Normalisator von$_t$ Z in $Gl_2(\mathbb{F}_p)$ ist

$$D = \left\{\begin{pmatrix}\alpha & 0\\ 0 & \beta\end{pmatrix}\middle|\, \alpha, \beta \in \mathbb{F}_p\right\} \text{ bzw. } D \cup D\begin{pmatrix}0 & 1\\ -1 & 0\end{pmatrix}.$$

Der Zentralisator bzw. Normalisator von Z_t in $SL_2(\mathbb{F}_p)$ ist Z_{p-1} bzw.

$$Z_{p-1} \cup Z_{p-1}\begin{pmatrix}0 & 1\\ -1 & 0\end{pmatrix}$$

Sei t ein Teiler von $p + 1$ und $t > 2$. Dann ist Z konjugiert zu

$$Z_t = \left\{\beta^\nu \mid \nu = \frac{p^2 - 1}{t}\mu \quad \mu = 1, 2, \ldots, t\right\},$$

wobei β ein fixiertes Element der Ordnung $p^2 - 1$ in $GL_2(\mathbb{F}_p)$ ist.
Es gibt in $SL_2(\mathbb{F}_p)$ ein Element γ der Ordnung 4 mit

$$\gamma\xi\gamma^{-1} = \xi^{-1} \text{ für } \xi \in Z_t.$$

γ ist bis auf Multiplikation mit einer Potenz von β eindeutig bestimmt.
Der Zentralisator bzw. Normalisator von Z_t in $GL_2(\mathbb{F}_p$ ist

$$\vartheta' = \{\beta^\nu \mid \nu = 1, \ldots, p^2 - 1\} \text{ bzw. } \vartheta' \cup \vartheta'\gamma.$$

Der Zentralisator bzw. Normalisator von Z_t in $SL_2(\mathbb{F}_p)$ ist

$$Z_{p+1} \text{ bzw. } Z_{p+1} \cup Z_{p+1}\gamma.$$

Beweis. Für zyklische Gruppen Z, deren Ordnung $t = 2$ oder k ein Teiler von $p + 1$ ist, folgt Satz 5 aus der Betrachtung der JORDANschen Normalform bzw. betreffs der Zentralisatoren und Normalisatoren durch direkte Nachrechnung.

Für den Beweis im Falle $t \nmid (p - 1)\, p$ kann man klassische Sätze über einfache Algebren heranziehen. In diesem Fall wird Z von einer Matrix α erzeugt, deren Eigenwerte nicht in $\mathbb{F}_p$ liegen. Dann ist $\mathfrak{K} = \mathbb{F}_p[\alpha]$ ein Körper mit p^2 Elementen. Alle Körper mit p^2 Elementen in $M_2(\mathbb{F}_p)$ sind zueinander konjugiert und der nichttriviale Automorphismus von $\mathfrak{K}$ wird durch Konjugation mit einem Element γ aus $GL_2(\mathbb{F}_p)$ bewirkt.

Determinante und Norm liefern die gleiche Abbildung von $\mathfrak{K}$ in $\mathbb{F}_p$. Daher ist die Sequenz

$$1 \to SL_2(\mathbb{F}_p) \cap \mathfrak{K}^* \to \mathfrak{K}^* \xrightarrow[\det]{} \mathbb{F}_p^* \to 1.$$

exakt. Hieraus entnimmt man

$$SL_2(\mathbb{F}_p) \cap \mathfrak{K}^* = \mathfrak{K}^{*p-1}.$$

Die von α erzeugte zyklische Gruppe ist daher in einer Gruppe der Ordnung $p + 1$ enthalten, und alle diese Gruppen sind in $SL_2(\mathbb{F}_p)$ konjugiert.

Durch Multiplikation mit einem passenden Element aus $\mathfrak{K}^*$ erreicht man, daß γ in $SL_2(\mathbb{F}_p)$ liegt. $\gamma^\alpha\gamma^{-1}$ ist von α verschieden, hat aber die gleichen Eigenwerte. Daher ist $\gamma^\alpha\gamma^{-1} = \alpha^{-1}$, weil das Produkt der Eigenwerte von α gleich 1 ist. γ^2 ist aus $SL_2(\mathbb{F}_p) \cap \mathfrak{K}^*$. Daher hat $\gamma^2 = \gamma\gamma^2\gamma^{-1}$ die Ordnung 2.

$\mathfrak{K}$ ist maximaler Teilkörper von $M_2(\mathbb{F}_p)$ und daher gleich seinem Zentralisator. Aus diesen Überlegungen folgt Satz 5 im Falle $t \times (p - 1)\, p$.

7. Jetzt können wir die Darstellungen von $\mathfrak{G}_k$ in $SL_2(\mathbb{F}_p)$ mit zahmverzweigtem Kernkörper T bestimmen. Für eine natürliche Zahl h bezeichnet $\varphi(h)$ im folgenden die EULERsche Funktion.

Satz 6. Sei $\bar{\varrho}: \mathfrak{G}_k \to SL_2(\mathbb{F}_p)$ eine s-irreduzible Darstellung mit zahmverzweigtem Kernkörper T. Für die GALOIS-Gruppe $G = G(T/k)$ bestehen dann folgende Möglichkeiten:

(I) *G ist zyklisch von einer Ordnung $t \mid p + 1$, $t > 2$.*

(II) *$G = (\tau, \sigma)$ ist nichtabelsch. Die Trägheitsgruppe (τ) hat die Ordnung $e \mid p + 1$, $e > 2$, und für den Verzweigungsgrad f gilt:*

a) *$f = 2$. Dann ist e gerade und die erzeugenden Relationen sind*

$$\tau^e = 1, \sigma^2 = \tau^{e/2}, \sigma\tau\sigma^{-1} = \tau^{-1}$$

b) *$f = 4$. Dann ist e ungerade und die erzeugenden Relationen sind*

$$\tau^e = 1, \sigma^4 = 1, \sigma\tau\sigma^{-1} = \tau^{-1}.$$

Im Fall (I) ist $q = p^m$ eine gerade Potenz von p oder $e \mid 2$. Zu vorgegebenen natürlichen Zahlen e, f mit $e \cdot f \mid p + 1$, $e f > 2$ und $e \mid 2$, falls m ungerade, sei $e = e_1 \cdot e_2$, wobei e_1 den größten Teiler von e bezeichnet, der zu f prim ist. Dann gibt es genau $e_1\varphi(e_2)$ verschiedene zyklische Erweiterungen T/k vom Trägheitsgrad f und Verzweigungsindex e. Explizit erhält man die zahmverzweigten Kernkörper T in der Form

$$T = k\left(\zeta, \sqrt[e]{\pi\zeta^{\nu}}\right),$$

wobei ν alle zu e_2 primen Zahlen zwischen 0 und $e-1$ durchläuft.

Im Falle (II) ist $q = p^m$ ungerade Potenz von p. Es gibt zu vorgegebenen Zahlen e, f mit $e \mid p + 1$, $e > 2$ sowie $f = 2$, falls e gerade, $f = 4$, falls e ungerade, jeweils genau eine Erweiterung T/k vom Trägheitsgrad f und Verzweigungsindex e Explizit erhält man den zahmverzweigten Kernkörper T in der Form

$$T = k\left(\zeta, \sqrt[e]{\pi\zeta^{e/2}}\right) \text{ für } f = 2,\ e \text{ gerade}$$

und

$$T = k\left(\zeta, \sqrt[e]{\pi}\right) \text{ für } f = 4,\ e \text{ ungerade.}$$

Zu festem Kernkörper T/k gibt es in jedem Fall

$$\frac{1}{2}\,\varphi(e \cdot f)$$

nicht s-äquivalente treue Darstellungen $\bar{\varrho}: G(T)k) \to SL_2(\mathbb{F}_p)$.

Beweis. Sei $\bar{\varrho}: G(T/k) \to SL_2(\mathbb{F}_p)$ eine s-irreduzible treue Darstellung. $\bar{\varrho}(\bar{\tau})$ hat zu p prime Ordnung e. Daher gilt nach Satz 5$e \mid p + 1$ oder $e \mid p - 1$

Wir zeigen, daß der Fall $e \mid p - 1$, $e > 2$ unmöglich ist.

Angenommen $\bar{\varrho}(\bar{\tau}) = \begin{pmatrix} \varepsilon & 0 \\ 0 & \varepsilon^{-1} \end{pmatrix}$ mit $\varepsilon \neq \varepsilon^{-1}$.

Damit $\bar{\varrho}$ s-irreduzibel ist, muß $\bar{\varrho}(\sigma) = \begin{pmatrix} 0 & \delta \\ -\delta^{-1} & 0 \end{pmatrix}$ sein mit einem $\delta \in \mathbb{F}_p^{x}$, denn $\bar{\varrho}(\sigma)$ liegt im Normalisator von $\bar{\varrho}(\bar{\tau})$.
Wegen (5) wird

$$\bar{\varrho}(\sigma\tau\sigma^{-1}) = \begin{pmatrix} \varepsilon & 0 \\ 0 & \varepsilon^{-1} \end{pmatrix}^{q} = \begin{pmatrix} \varepsilon & 0 \\ 0 & \varepsilon^{-1} \end{pmatrix}^{-1},$$

d.h. $q \equiv -1 \pmod{e}$. Andererseits ist $q \equiv p^m \equiv 1 \pmod{e}$, d.h. $e \mid 2$ im Widerspruch zur Voraussetzuug.

Daher gilt allgemein $e \mid p + 1$. Sei α Erzeugende von Z_e und $\bar{\varrho}(\bar{\tau}) = \alpha$. Wenn $\alpha^2 = 1$ ist, d.h. im Zentrum von $SL_2(\mathbb{F}_p)$ liegt, ist (bis auf Äquivalenz) $\varrho(\sigma) \in Z_{p+1}$ und $\bar{\varrho}(\sigma) \neq \pm E_2$, d.h. $G(T/k)$ ist zyklisch, anderenfalls wäre $\bar{\varrho}$ nicht s-irreduzibel. Sei jetzt $\alpha^2 \neq 1$. $\bar{\varrho}(\sigma)$ liegt im Normalisator von α, d.h. es gilt

$$\bar{\varrho}(\sigma) \in Z_{p+1} \text{ oder } \bar{\varrho}(\sigma) = \gamma\xi,^{\nu}$$

wobei ξ eine Erzeugende von Z_{p+1} bezeichnet. Bei Transformation von $\varrho(\sigma)$ mit ξ erhält man

$$\xi\bar{\varrho}(\sigma)\,\xi^{-1} = \gamma\xi^{\nu-2}.$$

Bis auf s-Äquivalenz können wir daher annehmen, daß $\nu = 0$ oder $\nu = 1$ ist.

Im Falle $\bar{\varrho}(\sigma) \in Z_{p+1}$ ist $G(T/k)$ zyklisch und folglich $q \equiv 1 \pmod{e}$. Andererseits haben wir $p \equiv -1 \pmod{e}$ und daher $q \equiv (-1)^m \pmod{e}$. Für $m \equiv 1 \pmod{\xi}$ folgt daraus $e \mid 2$.

Sind die Bedingungen $q \equiv 1 \pmod{e}$ und $e \cdot f \mid p + 1$ erfüllt, so erhält man — wie man leicht nachrechnet — in der Form

$$T = k\left(\zeta, \sqrt[e]{\pi\varsigma^{v}}^{\,\nu}\right),$$

wobei ν die im Satz 6 angegebenen Werte durchläuft, alle zyklischen Erweiterungen mit $ef \mid p + 1$, und diese sind alle voneinander verschieden.

Im Falle $\bar{\varrho}(\sigma) = \gamma\xi^{\nu}$ haben wir $q \equiv -1 \pmod{e}$ und $q \equiv (-1)^m$, d.h. m ist ungerade. Ist diese Bedingung erfüllt und ist e gerade bzw. ungerade, so erhält man in der Form

$$T = k\left(\zeta, \sqrt[e]{\pi\zeta^{e/2}}\right) \text{ bzw. } T = k\left(\zeta, \sqrt[e]{\pi}\right)$$

die einzig mögliche Erweiterung, die zu einer s-irreduziblen Darstellung mit nichtzyklischem Kern führt.

Die letzte Behauptung von Satz 6 rechnet man ebenfalls direkt nach.

Satz 6 enthält insbesondere den Hilfssatz 2. Im Hinblick auf Satz 4 interessiert der Index $i(\bar{\varrho})$ des Zentralisators von $\operatorname{Im}\bar{\varrho}$ in $SL_2(\mathbb{F}_p)$ in dem Zentralisator von $\operatorname{Im}\bar{\varrho}$ in $GL_2(\mathbb{F}_p)$. Aus Satz 5 und Satz 6 folgt

Satz 7. Für eine Darstellung $\bar{\varrho}$ aus Satz 6 ist $i(\bar{\varrho}) = p - 1$ oder $i(\bar{\varrho}) = \frac{p-1}{2}$ je nachdem, ob der Kernkörper von $\bar{\varrho}$ zyklisch oder nichtzyklisch ist.

8. Wir kommen jetzt zu dem Problem, zu gegebenem $\bar{\varrho}: G(T/k) \to SL_2(\mathbb{F}_p)$ die Erweiterungen K/T zu bestimmen, die über k normal sind und für die es Darstellungen $\varrho: G_k \to PL_p(\mathbb{C})$ gibt, die K als Kernkörper haben und die $\bar{\varrho}$ induzieren. Mit Hilfe von $\bar{\varrho}$ können wir $\mathfrak{A}$ als $G(T/k)$-Modul erklären. Unser

Problem läuft dann darauf hinaus, Körpererweiterungen K/T zu suchen mit der Eigenschaft, daß $G(K/T)$ und $\mathfrak{A}$ als $G(T/k)$-Moduln isomorph sind.

Klassenkörpertheoretisch bedeutet das folgendes: K/T ist wildverzweigt und entspricht daher einer Untergruppe U der Einheitengruppe E pon T, die bei $G(T/k)$ invariant ist. Die Faktorgruppe E/U ist vom Typ (p, p). Insbesondere umfaßt U die Gruppe E^p.

Die Frage läuft daher auf die Bestimmung der Kerne der $G(T/k)$-Epimorphismen

$$E/E^p \to \mathfrak{A}$$

hinaus. Wir setzen im folgenden k als $\mathfrak{p}$-adischen Zahlkörper voraus.

Bezüglich der Struktur von E/E^p gilt

Hilfssatz 3. E/E^p ist direkte Summe von $[k:\mathbf{Q}_p]$ Exemplaren des Gruppenrings $\mathbf{F}_p\,[G(T/k)]$ sowie, falls die p-ten Einheitswurzeln in T liegen, eines eindimensionalen $G(T/k)$-Moduls.

Beweis. Hilfssatz 3 ist wohlbekannt (siehe M. Krasner [3], K. Iwasawa [2]). In dem vorliegenden Fall $p[T:k]$ ist der Beweis so einfach, daß wir hier eine Skizze geben:

Sei E_0 die Einheitengruppe von k. Wenn die p-ten Einheitswurzeln nicht in T liegen, hat E/E^p bzw. E_0/E_0^p die Dimension $[T:\mathbf{Q}_p]$ bzw. $[k:\mathbf{Q}_p]$. Da T/k zahmverzweigt ist, ist die Normenabbildung $E/E^p \xrightarrow[N]{} E_0/E_0^p$ surjektiv. Die Urbilder eindimensionaler Teilräume von E_0/E_0^p bei N haben daher die Dimension $[T:k]$ und sind isomorph zu $\mathbf{F}_p[G(T/k)]$. Daraus folgt die Behauptung. Wenn die p-ten Einheitswurzeln in T liegen, spaltet man von E/E^p den eindimensionalen Teilraum ab, der von den Einheitswurzeln von p-Potenzordnung in E erzeugt wird (was wegen $p[T:k]$ möglich ist). Auf den Rest kann man die obige Überlegung wieder anwenden, q.e.d.

Satz 8. Sei k ein $\mathfrak{p}$-adischer Zahlkörper. Bei gegebener s-irreduzibler Darstellung $\bar{\varrho}: G(T/k) \to SL_2(\mathbf{F}_p)$ ist die Anzahl der Erweiterungen K/T, für die es irreduzible nichtmonomiale Darstellungen $\varrho: G_k \to PL_p(\mathbf{C})$ gibt, die K als Kernkörper haben und $\bar{\varrho}$ induzieren, gleich $\frac{p^{2\delta}-1}{p^2-1}$ bzw. $\frac{p^{2\delta}-1}{p-1}$ je nachdem, ob T/k zyklisch oder nichtzyklisch ist. Dabei ist $\delta = [k:\mathbf{Q}_p]$.

Beweis. Sei T/k zyklisch. $\mathfrak{A}$ kommt als irreduzibler $G(T/k)$-Modul in $\mathbf{F}_p[G(T/k)]$ genau einmal als direkter Summand vor. Die Automorphismen von $\mathfrak{A}$ entsprechen den Elementen von $GL_2(\mathbf{F}_p)$, die im Zentralisator von $\bar{\varrho}(G(T/k)$ liegen, d.h. den Potenzen β^ν von β in der Bezeichnungsweise von Satz 5. Nach Hilfssatz 3 ist ein Epimorphismus von E/E^p auf $\mathfrak{A}$ also durch ein δ-Tupel $(\nu_1, \ldots, \nu_\delta)$ mit $\nu_i \in Z/p^2Z$ gegeben, dessen Koordinaten nicht alle verschwinden. Homomorphismen mit gleichem Kern entsprechen eineindeutig den Automorphismen von $\mathfrak{A}$' Die Anzahl der möglichen Kernkörper ist daher $\frac{p^2\delta - 1}{p^2 - 1}$.

Die Überlegung im nichtzyklischen Fall ist analog. In diesem Fall ist $\mathfrak{A}$ absolut irreduzibel und kommt daher in $\mathbb{F}_p[G(T/k)]$ zweimal als direkter Summand vor. Die Automorphismen von $\mathfrak{A}$ sind nach dem Schurschen Lemma nur die Multiplikationen mit einem Element aus $\mathbb{F}_p^*$.

Wenn k ein Potenzreihenkörper ist, zeigt eine analoge Betrachtung, daß es jeweils abzählbar viele Erweiterungen K/T mit den gewünschten Eigenschaften gibt. Damit ist insbesondere Hilfssatz 1 bewiesen.

Mit den in dieser Arbeit benutzten Methoden läßt sich auch der allgemeine Fall einer Darstellung von $\mathfrak{G}_k$ in $PL_n(\mathbb{C})$ behandeln. Es gilt der folgende

Satz. Sei k ein lokaler Körper der Restklassencharakteristik und $\varrho: \mathfrak{G}_k \to PL_n(\mathbb{C})$ eine irreduzible nichtinduzierte Darstellung. Dann ist $n = p^d$ eine p-Potenz und der Kernkörper K von ϱ hat über dem zahmen Verzweigungskörper T/k den Grad p^d. Die Galoissche Gruppe $G(K/T)$ hat Exponenten p.

Der Beweis dieses Satzes sowie eine ausführliche Betrachtung der Darstellung $\mathfrak{G}_k \to PL_n(\mathbb{C})$ erfolgen an anderer Stelle.

Literatur

[1] Hasse, H.: Zahlentheorie, 2. Auflage, Berlin, 1963.

[2] Iwasawa, K.: On Galois groups of local fields, Trans. Amer. Math. Soc. 80, 448–469 (1955).

[3] Krasner, M.: Sur la representation exponentielle dans les corps relativement galoisiennes de nombres p-adiques. Acta Arithmetica 3, 133–173 (1939).

[4] Serre, J.-P.: Representations lineaires des groupes finis. Paris: Hermann 1967.

[5] Suprunenko, D. A.: Matrizengruppen, Moskau: Verlag Nauka 1972 (russisch).

[6] Weil, A.: Exercices dyadiques. Inventiones math. 27, 1–22 (1974).

Herr Dr. E.-W. Zink hat das Manuskript dieser Arbeit gelesen, eine Reihe von Textverbesserungen vorgeschlagen und den von mir übersehenen Fall IIb in Satz 6 angefügt. Ich möchte ihm hierfür meinen herzlichsten Dank aussprechen.

Weitere, vor der Klasse Mathematik gehaltene Vorträge

Albrecht Pietsch
Optimierung und ihre Anwendungen (Sitzung am 24. 1. 1974) (veröffentlicht in: Sitzungsberichte der AdW der DDR 3/1974)

Nathan Jacobson
Some groups of transformations defined by Jordan in algebras (Sitzung am 12. 2. 1974)

Heinrich Herre
Über einige Ergebnisse zur Entscheidbarkeit elementarer Theorien (Sitzung am 18. 4. 1974)

Herbert Gajewski und Konrad Gröger
Nichtlineare Operatorgleichungen und Operatordifferentialgleichungen (Sitzung am 18. 4. 1974) (veröffentlicht als Monographie im Akademie-Verlag, 1974)

Herbert Kurke
Zur Weilschen Vermutung über die Kongruenz-Zetafunktion (Sitzung am 9. 5. 1974)

Franz Heinrich Lange
Mathematik und Ingenieurwissenschaften (Sitzung am 5. 12. 1974) (veröffentlicht in: Sitzungsberichte der AdW der DDR 7 N/1976)

Johannes Kerstan
Über Existenz bedingter Verteilungsgesetze (Sitzung am 16. 1. 1975)

Lothar Budach
Über das Labyrinthproblem (Sitzung am 27. 2. 1975)

Klaus Matthes
Räumlich homogene Verzweigungsprozesse (Sitzung am 17. 4. 1975)

Kurt O. Friedrich
Über die mathematische Natur der Bewegungsgleichungen der klassischen Physik (Sitzung am 29. 4. 1975)

Gottfried Fritzsche
Anwendungen der Funktionaltransformationen einschließlich Walsh-Analyse in der Informationstechnik (Sitzung am 12. 6. 1975)

Autorenverzeichnis

Prof. Dr. Ing. Franz Pichler, Johannes Kepler Hochschule Linz, Fakultät Mathematik-Naturwissenschaften

Dr. Klaus Fleischmann, Zentralinstitut für Mathematik und Mechanik der Akademie der Wissenschaften der DDR

Dr. Uwe Prehn, Zentralinstitut für Mathematik und Mechanik der AdW der DDR

Dr. Reinhard Pöschel, Zentralinstitut für Mathematik und Mechanik der AdW der DDR

Prof. Dr. Gottfried Anger, Martin-Luther-Iniversität Halle-Wittenberg, Sektion Mathematik

Prof. Dr. Franz Heinrich Lange, Korrespondierendes Mitglied der Akademie der Wissenschaften der DDR

Prof. Dr. Peter Fey, Technische Hochschule Karl-Marx-Stadt, Sektion Informationstechnik

Prof. Dr. Olaf Bunke, Ordentliches Mitglied der Akademie der Wissenschaften der DDR

Prof. Dr. Helmut Koch, Korrespondierendes Mitglied der Akademie der Wissenschaften der DDR

FSC
www.fsc.org
MIX
Papier | Fördert
gute Waldnutzung
FSC® C083411

Kolibri 360 GmbH
Ferdinand-Jühlke-Straße 7
99095 Erfurt, Deutschland
produktsicherheit@kolibri360.de